U0124206

義大利爺爺的生活實用數學課

安娜．伽拉佐利 Anna Cerasoli ◇ 著
洪詩雅 ◇ 譯

目錄 Contents

Chapter 1

非關童話

「爺爺，你知道有些謊話是可以說的嗎？」

「不行！不可以說謊。」

「可是馬克跟我保證過善意的謊言是可以說的啊。」

「善意的謊言？……怎樣的謊言算是善意的呢？」

「我也不會講……譬如說，媽媽問我功課寫好了沒，我就回說寫好了，然後趕快跑去寫。你也可以說類似這樣的謊啊，當媽媽問你吃藥了沒，你就說吃了，然後趕快跑去，不對，是我趕快跑去你房間幫你拿藥來給你吃，這樣你就不會被媽媽唸了。我敢說你小時候一定都被規定不可以說謊，那時代的世界眞的是太嚴肅了，不是嗎？眞高興我是出生在現代，那你現在要不要說故事給我聽啊？」

「菲洛啊，你還是趕快睡覺吧，明天就開學了而你還不習慣早起，故事我明天再講給你聽。」

「爺爺，你不要這麼嚴肅好嗎？我都跟你說了可以說謊呀……再說，不聽你講故事我會睡不著覺。」

「好吧，看看我有沒有想到什麼故事好講的。從前從前……從前從前……唉！我實在是沒什麼想像力了，那些什麼王子、公主、龍啊、太空船的都不在我腦袋裡了！」

「加油啊！爺爺，別氣餒啊！你也常常跟我說再想一想，點子就會來。」

「好，我再想想。從前從前……從前從前……有個正方形！」

「不！爺爺，你就只會說這個嗎？還講數學啊？我真是可憐，怎麼我就是沒有一個冒險家的爺爺，或是個拍《星際大戰》的爺爺？請原諒我爺爺，我不是故意要讓你生氣的。我很喜歡你，也喜歡數學，但我是個小孩啊，一個快要長大的小孩，但還只是個小孩啊。」

「你說的對，我的快要長大的寶貝孩子，但是這關於正方形的故事也是可以很精彩的，我保證一定會說個很棒的冒險故事，我敢確定你會喜歡的。因爲，你知道嗎？一個正方形就像是一艘太空船。是的，你沒聽錯，一艘太空船！對古代人來說，想像一個正方形就跟想像一艘外星人的太空船一樣。他們從來沒有看過一個形狀這麼特別的圖形，那時在他們的四周沒有任何的建築物，自然界裡也不存在正方形這種形狀。從前，正方形是不存在的！其實，認眞說起來，古代人只能看到圓形，像是月亮的形狀、石頭丟到水裡時引發的一圈圈漣漪、小雛菊的花冠或是彩虹，或是蝸牛殼上的螺旋形，但肯定是沒看過正方形。事實上，住山洞的時代過了以後，古代人所建的第一個家是圓的，一個屋頂用動物皮做成的圓形小屋。正方形對

他們來說是個未來的東西，要想像一個正方形，設計它，更進一步的把它做出來，可是需要很高的智慧！」

「我都沒想過耶，爺爺，再說現在到處都看得到正方形。可憐的古代人，連數獨都沒辦法玩。」

「不過，當正方形一出現，他可就像第一男主角一樣重要。希臘的歷史學家希羅多德說，四千多年前，埃及法老塞索斯特利將尼羅河岸邊土地仔細地劃分成大小一模一樣的正方形，分配給他的人民來耕種，當然人們每年都要繳交稅收給法老王。」

「對，我知道那裡的土壤都很肥沃，因爲尼羅河的氾濫就是在幫那些土地澆水。」

「是灌溉兼施肥，但同時也沖壞了地上的界線，有時甚至還會帶走一部分的土壤。所以土地少了一塊的人就去跟法老王說，他覺得不應該收跟以前一樣多的稅。因此法老王就派了官

員去測量他的土地，看看比以前小了多少，依土地的面積來計算新的稅收。」

「我覺得這樣做是對的。」

「你知道後來希羅多德怎麼說嗎？他說：『我相信幾何學也就這樣因應而生。』總之，爲了在土地上劃分跟重新分配這些正方形，幾何學就這麼誕生了。菲洛，你知道嗎？幾何學（geometria）這個字，就是測量土地、測量耕地的意思。法老王的官員們就帶著繩索跟小木樁，把小木樁插在正方形的四個角，然後兩兩用線綁起來，拉緊的線就像是正方形的長跟寬，用來標示耕地的邊界。」

「這故事眞棒！我很喜歡那些埃及人，不過爲什麼法老王是把土地分成正方形呢？他不喜歡長方形嗎？」

「親愛的菲洛，想當法老王是要有一點小聰明的，選擇用正方形而不是用長方形，這就是法老王精明的地方了！看看我

有沒有辦法跟你解釋清楚，假如你是一位農夫，人家給你一條200公尺長的繩子讓你劃分出一塊屬於你的土地，你會選擇一塊長方形還是正方形的土地？相同的200公尺周長，哪種形狀對你比較有利？」

「可是，長方形或是正方形兩種我都喜歡啊。不過，我確實會希望土地是越大越好，這樣我可以種生菜、番茄、馬鈴薯，我最喜歡吃上面淋一點番茄醬的炸馬鈴薯了，還要種黃瓜，還可以再蓋一間雞舍。」

「好的，我懂了，所以你想要你土地的面積是最大的，那這樣你應該要選擇正方形。因為各種不同的四方形，不管是比較長窄的，比較矮寬的，或是長寬一樣的，都有一樣的周長，來比較誰的面積比較大。

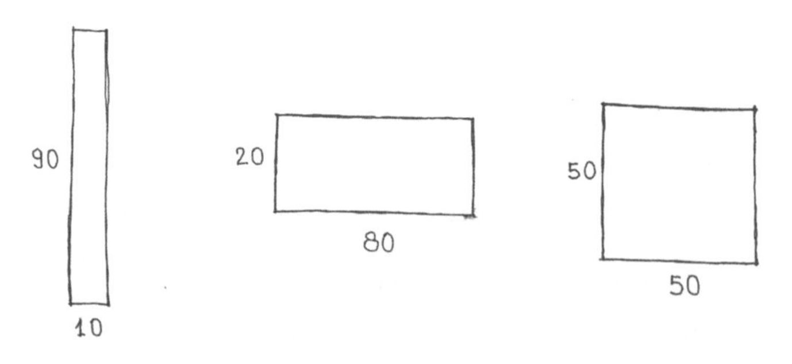

來算算看吧！如果底是10公尺，高是90公尺，面積就是10×90＝900平方公尺；如果底是80公尺，高是20公尺，面積就是80×20＝1600平方公尺。而底是50公尺，高也是50公尺時，面積就是最大的50×50＝2500平方公尺。在各式各樣

的四方形裡，選擇正方形就可以最小周長得到最大面積，也可以節省柵欄的費用喔！這樣你懂了嗎？」

「嗯，我懂了，在一個正方形的地裡蓋一間美麗的家。」

「沒錯！如果你是一位農夫的話，也是需要一個家的。同樣的，如果你節省築牆費的話，你就要選擇以四方形為基底的家，這樣在相同面積的條件下，會有最小周長。」

「沒錯，爺爺你眞是個節省大王。」

「現在該睡囉，菲洛！在夢裡當個快快樂樂的農夫吧！」

Chapter 2

停下來種個田

「爺爺，那個把土地分成很多很多個一樣正方形的埃及法老王一定是個很能幹的人！因爲他很公平，不像我的老師，都只讓前幾名的小朋友出去玩。如果我們又去埃及博物館的話，你能讓我看看那個法老王的雕像嗎？」

「說眞的我不知道會不會有他的雕像，不過要是哪天我們去倫敦的大英博物館的話，我會讓你看一樣非常令人興奮的東西，那就是有名的《蘭德紙草書》。那是十九世紀時，一位英國人蘭德先生在埃及的路克索發現的。這份文書長約五公尺，是四千年前的一位名叫阿梅斯的人將84個數學問題書寫在莎草紙上，也就是這84個數學題目讓我們認識了古埃及數學。這有點像幾千年後，我們的文明消失了，而有人找到了一個學生的數學筆記本，讓後來的人知道了我們的數學程度一樣，你不覺得這樣很吸引人嗎？」

「豈止吸引人？簡直棒極了！今年我要努力把筆記做得整整齊齊的，搞不好……」

「你要知道在阿梅斯的時代，埃及還沒有錢幣，當時所有的商業活動，像是東西的買賣或是工資的給付都是以值錢的物品來交換，所以常常要計算這個物品的價值。」

「這個我知道，這就叫做以物易物。我們在學校也會這麼做，可是我們都會因此而吵架。」

「這我懂，要達成協議並不容易。阿梅斯在那份文書裡正是論述這些日常問題，像是交換物品的份量，或是如何分配將麵包、啤酒、或是大麥分成不同的份數；他都是在談論這些算數和幾何學的問題，而每個問題都有它自己特殊的解決配方。」

「那這些配方是阿梅斯想出來的嗎？還是有別人教他的？」

「這些配方當然是埃及人好幾個世紀下來，將解決這類的問題經驗一代一代傳下來的成果。這一切都是從一萬年前開始的，沒錯，因爲那個時候人們生活正經歷一個很重大的改變，就像是我們生活在資訊革命的時代一樣。」

「是因爲恐龍的關係嗎？我知道恐龍滅絕的原因可能是因爲有個巨大的隕石掉到地球上，你也有看到那個電視節目嗎？」

「不對，不對！恐龍好幾百萬年前就消失了。一直到一萬年之前，古代人還不是過著定居的生活，是以打獵跟採集果實爲生，像這樣的生活，人們的需求並不多，只要丟擲石塊就可以打到獵物、動物的皮毛當衣物、睡在山洞裡，會稱他們爲山

頂洞人也不是沒有原因的。時代的改變就出現在人們停下來從隨處而居轉變爲築家定居的時候。你要知道，一萬年前人類有了偉大的發現，他或她發現人們可以把植物種子灑在土壤裡來耕種，也可以畜養動物來獲得奶、蛋跟肉。因此也就在靠近河流的地方定居了下來，河流是個重要的條件，因爲河水可以灌溉農作物，家畜也需要喝水⋯⋯ 人則可以洗澡。」

「洗澡？所以從那時候開始人們就要洗澡了！我還以爲至少那時的小朋友可以不用洗澡。」

「總之，當人類定居之後，農業跟畜牧業也就誕生了，也正是那時候發明了數學。」

「媽媽也常跟我說：『停下來，菲洛，不然你什麼事都做不成。』其實，如果一直動一直動的話，就永遠找不到時間來

發明我們需要的東西了。」

「說眞的，並不是有沒有時間的問題，而是需求的問題。因爲生活形態的改變，就會需要新的東西，首先就是，因爲人們都居住在一起，所以就要制定法律來管束。」

「對，眞的是這樣！我們在學校也有班規，不能在別人發言的同時講話，馬克就常常因爲這樣被罵……」

「但最有趣的事情是，有了農業跟畜牧業後，城市就出現了，建築的問題也就接著出現了。而要建造房子，除了建築的材料之外，還需要幾何學跟算數，多麼棒啊！」

「那那些建築長什麼樣子呢？還是圓的嗎？」

「你看喔，爲了可以住得更近，最好是把房子建成四方形而非圓形，這樣一個牆可以給兩個房子用，你不認爲嗎？所以

啊，在城市裡，房子都是正方形或是長方形的。」

「可是爺爺，那些把房子蓋成長方形的人就沒有省到錢啦！你不是跟我說過正方形比較好嗎？」

「沒錯，你很棒，可是把房子蓋成長方形有採光上的優勢，因爲這樣在比較長的那一面就可以有比較多的窗戶。總之，要了解蓋房子的需求是什麼。」

「我喜歡窗戶！因爲可以看到外面發生了什麼事…… 積雪的時候，從我房間的窗戶就可以看到人們滑倒的樣子。現在我懂了，蓋正方形的房子爲了省錢，蓋長方形的房子爲了享受陽光。」

「沒錯，就是這樣，然後還有三角形，因爲比較強壯。」

「什麼？」

「你沒聽錯，比較強壯。少了一邊，雖然比較小，可是卻比較結實、牢固。你聽好囉，當人們開始建造四方形的房子之後，就有如何蓋屋頂的煩惱：怎麼樣的屋頂比較堅固又能讓雨水跟雪不積在屋頂上呢？嗯…… 桁架就這樣被發明出來啦。它就長這個樣子。

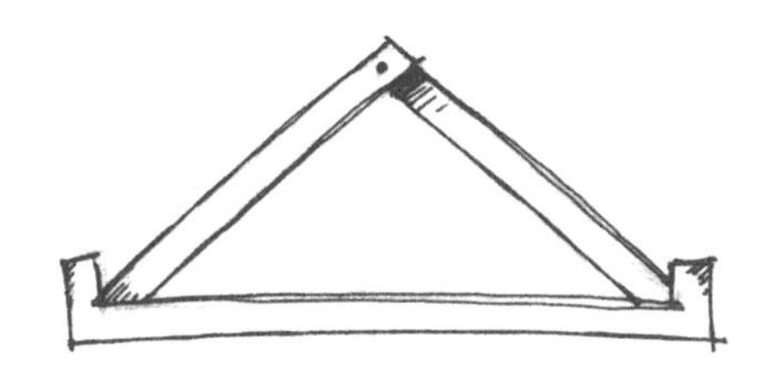

「它是由一個水平的橫梁和兩個傾斜的支柱所形成的，它甚至不需要用到釘子，只要用卡榫的方式將木板嵌入就好了，把它放在牆上再覆蓋起來，屋頂就完成啦！桁架可是非常的堅固喔！我跟你說要怎麼試驗，你拿一些小鐵條，把它做成正方形跟三角形的形狀。

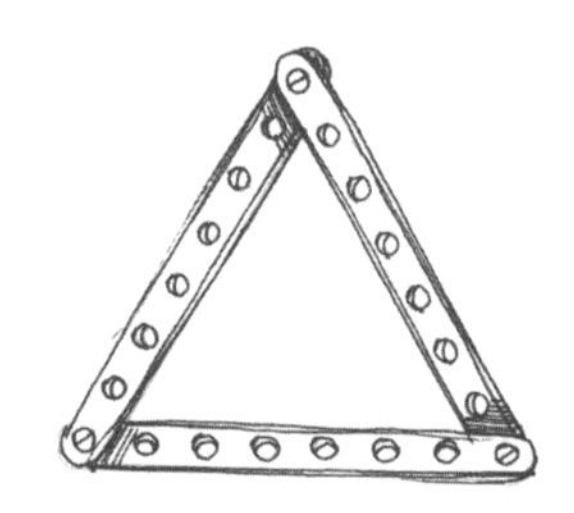

「然後用手指分別在正方形跟三角形的一個頂點上施壓，你猜會發生什麼事？正方形的會被壓扁走樣，而三角的卻不會，三角形是不會變形的！它是幾何圖形裡唯一有這個特質

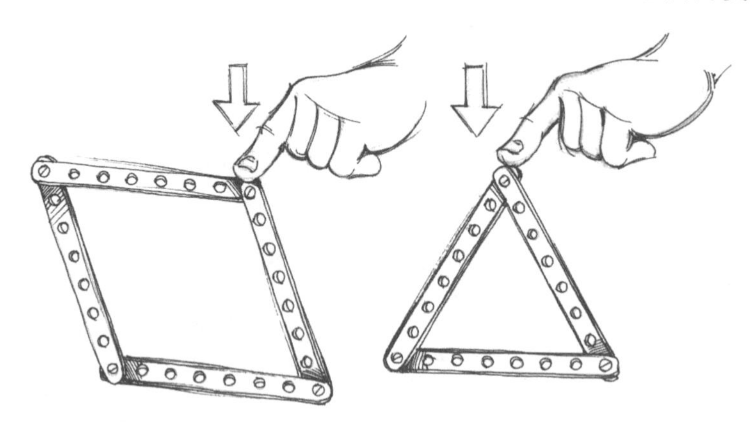

的，這也是爲什麼它會被用在講求堅固的建築範圍上，像是屋頂、橋梁和起重機。你想想今年夏天看過的艾菲爾鐵塔，或是那些裡頭沒用梁柱支撐的多面體圓頂。」

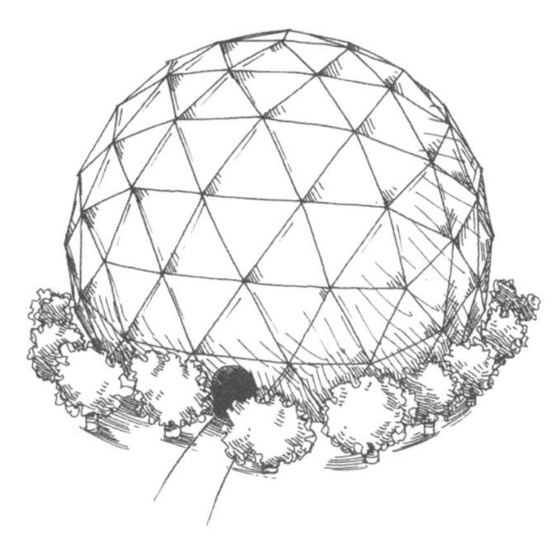

「爺爺，你知道我想說啥嗎？我喜歡你說的比較小卻比較強壯這個概念。但這件事我早就知道了，你看看我的肌肉！」

Chapter 3

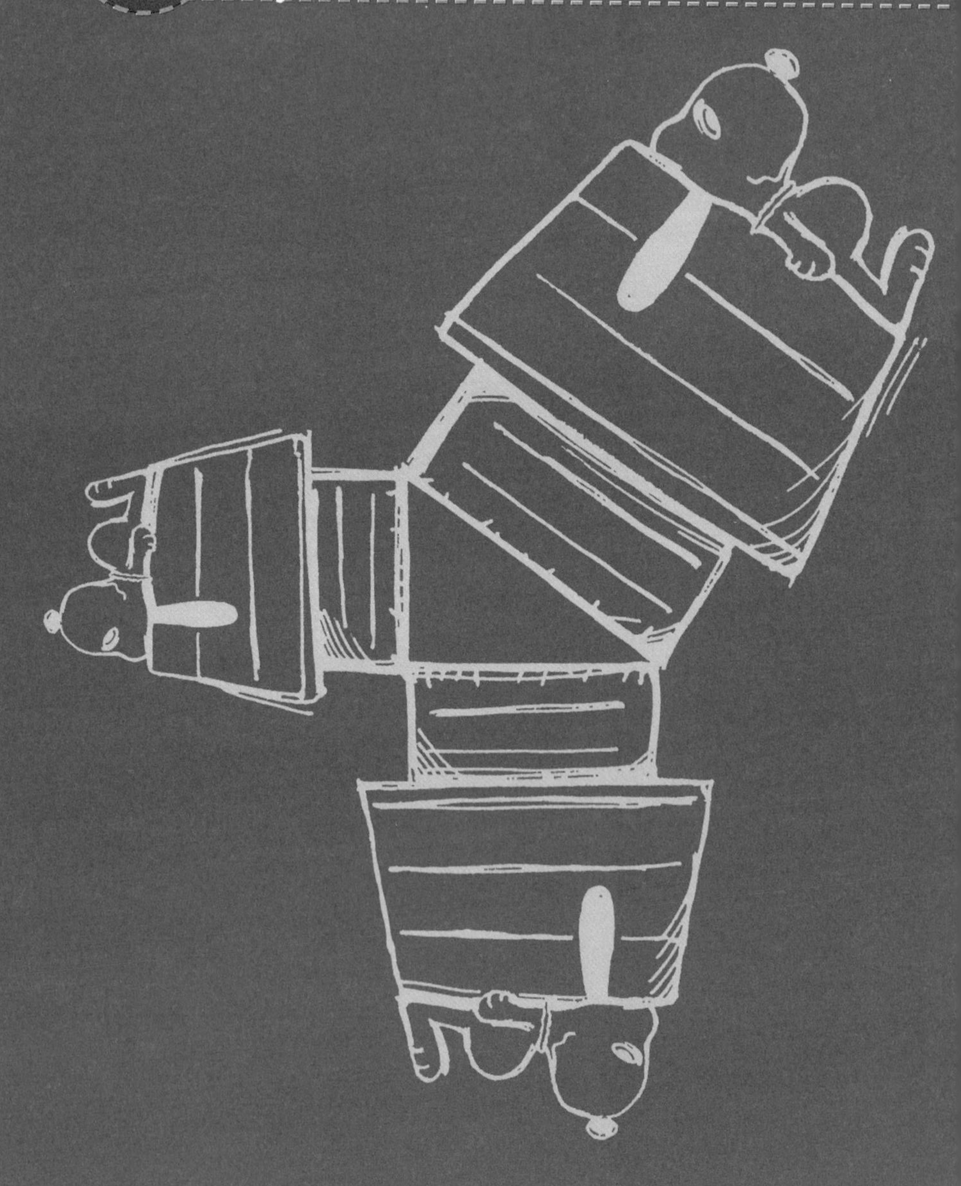

畢氏史努比

「爺爺，別跟我說你睡著囉！看來你眞的不喜歡這個卡通節目。」「嗯……對不起，我有一點分心了，正方形不是每次都贏，有時候長方形贏，有時三角形贏。三角形跟正方形甚至還可以兜在一起，就是你跟我講過的畢氏定理！一個三角形跟三個正方形統統靠在一起，就像這樣。」

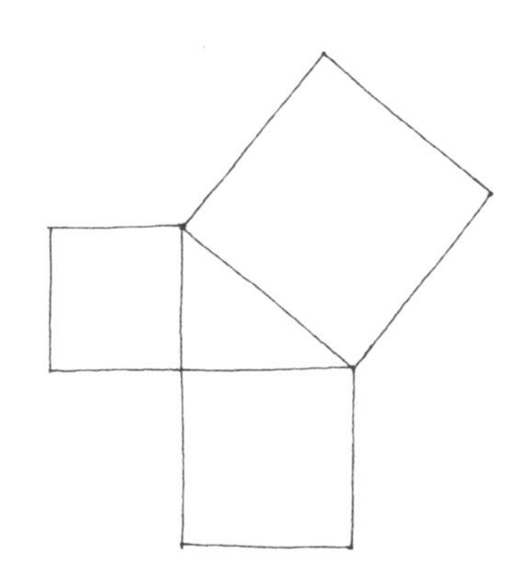

「對，你說的沒錯。大家都知道有名的畢達哥拉斯定理，又稱畢氏定理：一個直角三角形，兩股做出的正方形面積相加就等於斜邊做出的正方形面積。這就表示……」

「表示如果那些正方形是巧克力的話，我可以吃最大的那個，你吃比較小的兩個，我們就吃的是一樣多，不會吵架！」

「你知道一件更奇妙的事嗎？就算把那些正方形以其他的圖形代替，譬如說……史奴比的房子好了，這定理還是會成立喔！更重要的是，這三個圖形會是相似圖形，每一個都是另一個放大或縮小，就像是用相機的升縮鏡頭一樣。」

「好神奇喔！」

「所以如果你想要幫這三個小房子上顏色的話，幫兩個比

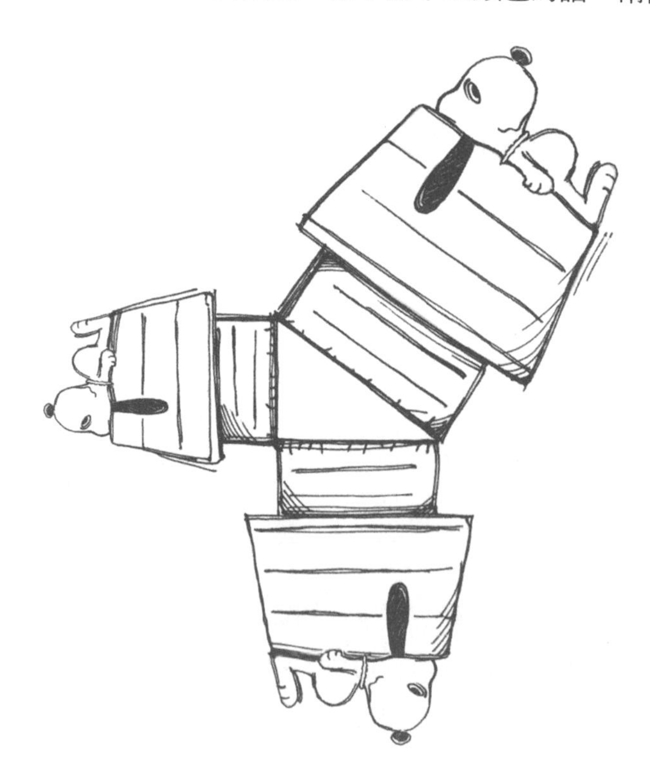

較小的房子塗顏色所需要的顏料，會跟塗滿最大的那個房子所用的顏料一樣多。懂了嗎？」

「史奴比的房子我要塗成黃色的，屋頂是紅色的。可是啊，爺爺，畢達哥拉斯之前就知道這件事嗎？因爲如果他知道的話，就可以把這個定理用的可愛一點，像是畫一些比較漂亮的圖形來代替硬梆梆的正方形！他不曾去埃及旅遊嗎？不然他就可以畫成金字塔或是人面獅身像，或是法老王啊，你不覺得嗎？」

「我不知道耶！不過畢達哥拉斯可不像我們一樣愛開玩笑，他是很嚴肅的人。這個理論他是要用來解釋如何在蓋建築物時做出直角，因爲在蓋四方形的房子或是廟宇的時候，地基的四角可是要很精準的90度直角才可以。」

「我記得要怎麼做，你之前教過我了，拿一條繩子，在上面打結，每個結的間隔距離都要一樣，總共打12個，再用三個小棍子就可以做出直角三角形。」

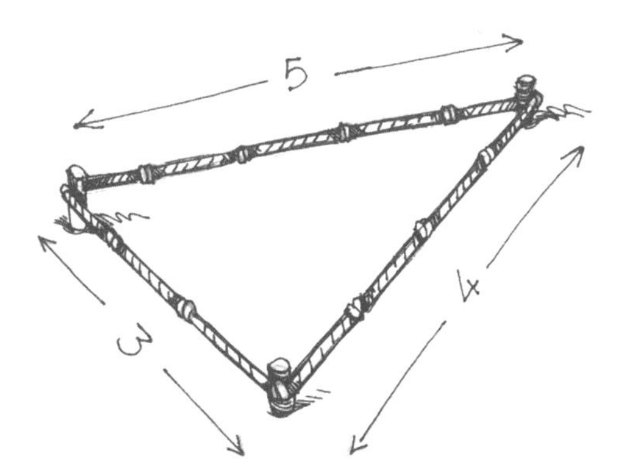

「好棒喔！你記得眞清楚。這樣你就可以確定在最長的那個邊對面的角就是直角。也只有直角三角形的兩股做出的正方形面積和，才會等於斜邊的正方形面積。用繩子做出來的三角形就正好是這樣。

$$3 \times 3 + 4 \times 4 = 5 \times 5$$

數學家都喜歡寫成比較短的式子：

$$3^2 + 4^2 = 5^2$$

「這個我知道，是次方乘法，葛拉茲老師有教過我們。很簡單，其實就是乘法的重複，上面小小的數字就叫做指數。爺爺，我知道爲什麼畢達哥拉斯要用正方形了，連小朋友們都會算正方形的面積，只要把邊長乘上它自己就好了。不管怎樣，我還是覺得這個畢達哥拉斯也紅的太誇張了，因爲只要用我們在學校時畫畫用的尺，一下子就可以畫出直角了。我覺得他有點太自負了，竟然因爲想出了這個理論，太過高興就殺了100頭牛，也太蠻横了吧，爺爺，你不覺得嗎？」

「喔不，親愛的，畢達哥拉斯並不自負！而且你知道嗎？沒有他的理論的話，你連屋頂都沒辦法蓋喔！因爲，不用畢氏定理的話，你該怎麼知道梁柱要用多長呢？如果說我們要蓋一

個屋頂，閣樓的高度是6公尺，房子的寬度是16公尺，那屋頂上的梁木要多長？

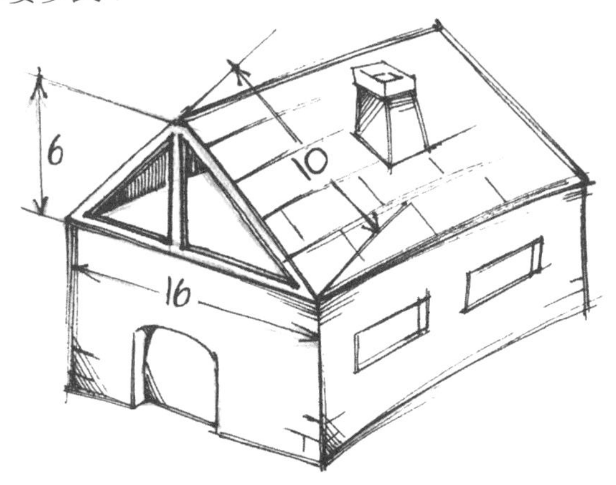

「這就是這個定理特別的地方啦！你只知道兩個邊的長，只要稍微計算一下，你就可以知道第三邊的長。在我們的例子裡，三角形裡較短的兩邊分別長爲6跟8公尺，這兩個邊所形成的正方形面積和爲：

$$6^2+8^2=36+64=100$$

「這樣你就知道最大的正方形的面積爲100平方公尺，現在只要面積爲100平方公尺的正方形，邊長會是多少啊？」

「爺爺，這個我知道，很簡單啊，是10公尺。不過要數字更大的話，老師就讓我們用計算機。」

「這老師眞棒！讓你們算平方根，次方乘法的逆向操作就叫開根號。根號的符號雖然看起來像凌亂的字跡，但它代表的意涵卻是很簡單的。舉例來說，100的平方根是這寫的：

$$\sqrt{100}$$

「也就是哪個數的二次方是100的意思，也就是你說的10，因爲10^2就等於100。好啦！現在你是不是覺得畢氏定理很棒啊！我認爲畢氏定理是全世界最有名也最常被使用的定理，因爲從二千五百多年前開始，每一個時代都一直持續的使用畢氏定理喔！也許不是用計算機算，不過都跟那算法有關。打個比方來說，有個像羅賓漢那樣的人，想要用梯子爬上他敵人約翰國王的城堡時，會沒用到畢氏定理嗎？」

「拜託，爺爺，你也太誇張了吧！」

「不，不，一點也不誇張。你看這邊，那城堡高12公尺，在周圍有寬5公尺的護城河，這時我們的英雄需要多長的梯子才可以到達城堡的頂端呢？」

「你說的對，這樣會形成一個直角三角形，讓我想想喔！羅賓漢需要…… 給我計算機！…… 算好了，梯子要有13公尺長。如果我是羅賓漢的話，我會晚上的時候才去，趁守衛睡著的時候把他們都抓起來，把國王關起來，奪回城堡，再跟瑪麗安結婚，你知道他們兩人互相喜歡，對吧？我越來越喜歡畢達哥拉斯了……」

「對，他是很討人喜歡的，雖然他非常的嚴格，在頭兩年裡，他在克羅頓學校裡的學生都不准發言。」

「你說什麼？你說的是眞的嗎？馬克會憋死，除非把他的嘴塞住才能讓他閉嘴！」

「他唯一准許學生做的消遣活動就只有有形數。你知道什麼是有形數嗎？」

「不知道。」

「有形數就是將數字形象化，譬如說：用小石頭當作數字的1，如果在這個小石頭旁邊再放上三個小石頭，這樣有一個用四個小石頭排成的正方形；如果再放五個小石頭，就有一個用九個小石頭排成的正方形。」

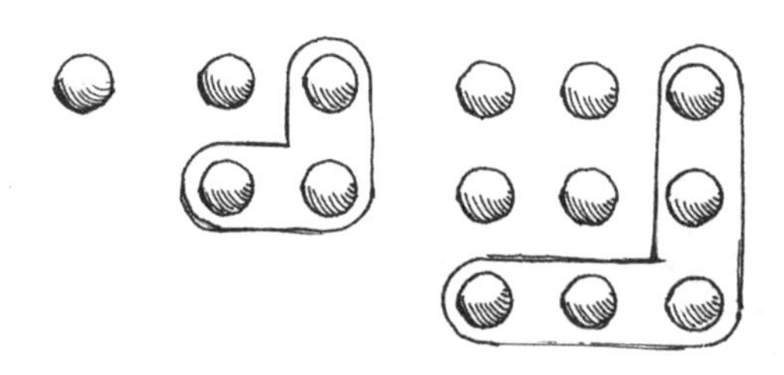

「等一下，接下來換我說，如果再加七個小石頭的話，就有用十六個小石頭排成的正方形……可是爺爺，這樣永遠都講

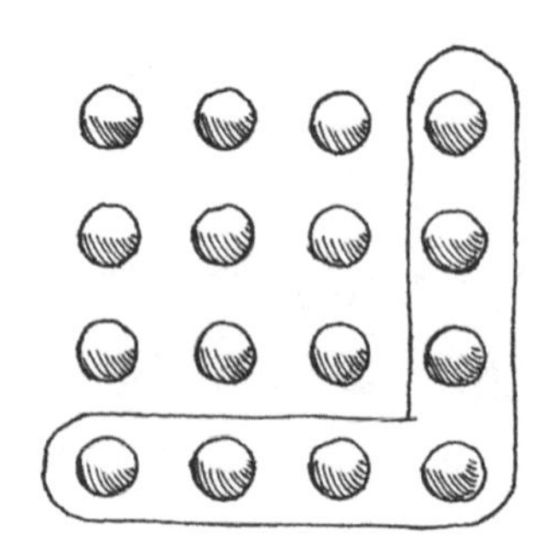

不完啊！因爲只要把奇數的小石頭一直往上加就好啦！」

「眞聰明！你也發現了畢達哥拉斯的學生們發現的事情：從1開始，只要加上連續的奇數，就得到所有的平方數了。我可愛的孫子啊，我得叫你畢氏數學家了。」

Chapter 4

吹毛求疵的歐幾里德

「如果我的生日禮物是一隻兔子的話，我已經幫牠取好一個很棒的名字了。我要叫牠亞果，你喜歡這個名字嗎？」

「眞的是個好名字耶！菲洛你眞棒，選了一個好名字。跟我說，你怎麼會想到這個這麼少見的名字呢？」

「爺爺，難道你不知道奧德修斯的狗狗就叫做亞果嗎?!那隻狗狗在20年後看到主人回來了，竟然因爲太高興而死掉了，我讀到這邊的時候都哭了，奧德修斯回來的時候，沒有人認出他，就只有忠誠亞果認出他來了。」

「對…… 只有亞果，還有他年邁的奶媽認出他來。《伊里亞德》跟《奧德賽》都是很棒的故事。」

「我覺得荷馬眞的很厲害，比其他人都厲害！他寫的故事超棒的！可是爺爺，你覺得奧德修斯是眞的存在過，還是都是荷馬編出來的啊？」

「好問題！我親愛的孫子，我只知道有個人，可能叫做荷馬，蒐集了所有在冬夜裡客廳的暖爐前，爸爸媽媽跟孩子們講的故事，然後再用很優美的形式把它記錄下來，就跟歐幾里德做的事一樣。」

「歐幾里德？可是歐幾里德不是個幾何學家嗎？不就是跟法老王說：『如果你想要學幾何學的話，就要跟其他人一樣辛勞，當王沒有用，工作吧！』的那個人嗎？」

「對，就是他。你要知道，歐幾里德做的事跟荷馬做的事相去不遠，他把當時所有的幾何學知識都蒐集起來並分類整理。在他之前有許多偉大的幾何學家，像是泰勒斯或是畢達哥拉斯，但是沒有人把自己的知識整理並撰寫成書。歐幾里德就不同了，他寫了一本偉大的著作《幾何原本》，共13卷，自那時起，也就是西元前三百年開始，就有好幾百萬的人學習幾何學了；當時那本書應該就被譯成了各種語言，而至今仍然是本暢銷書呢！」

「這個彙集的主意眞不錯耶！我曾經也想過要把馬克在學校跟我講的笑話都寫下來，要不然，過一陣子之後，我就都搞混了。」

「不過歐幾里德可不是只做彙集的工作而已喔，會讓這本書成爲曠世鉅作的原因是，他把當時所有的幾何學整理出一套系統。等等喔，讓我想想怎麼跟你解釋會比較清楚。好，我想到了。看到我的時鐘了嗎？如果我們把它拆開來，我們就有一些鐵製品、塑膠製品、和玻璃，不過只有這些零件，時鐘並不會走，只有當這些零件組成一套有組織的系統之後，時鐘才會走動。

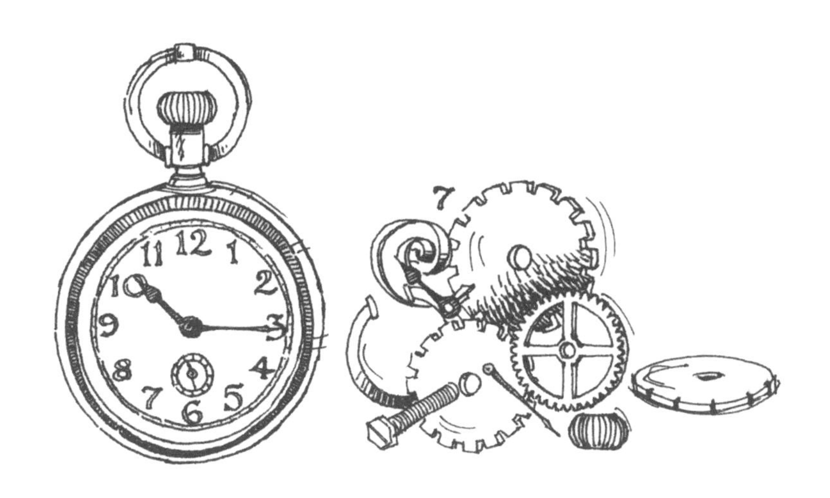

「歐幾里德就是把幾何學組織、整理成爲一套系統後再把它寫成書籍，像是公理系統和演繹系統。不要擔心，等等我會跟你解釋什麼是公理跟演繹的。」

「那肯定不容易，不過13本書也太多了吧！再說那時的書可都是用手寫的耶！…… 荷馬就只寫了2本…… 」

「你說的沒錯，不過荷馬寫了兩個故事，就這樣了，而歐幾里德的那13本書可是要解決全部，或幾乎所有，你可能遇到的幾何問題，那些書可說是個工具箱啊！舉個例子來說，你正在蓋一棟小別墅，想要鋪磁磚地板，然後你有三種形狀的瓷磚可以選擇：正方形的、正六邊形的跟正八邊形的。」

「好漂亮喔！我比較喜歡八邊形的，我要用八邊形的來鋪地板。」

「好啦，現在你就需要歐幾里德了！這時歐幾里德會告訴你，你也會需要用到正方形的磁磚，因爲只用正八邊形是沒辦法鋪滿整個地板。」

「他眞的這樣說嗎？連地板要怎麼鋪他都有說到啊？那我相信他確實要寫到13本書。」

「不對，不對，你沒聽懂嗎？他教了我們那些他沒說的事，這就是歐氏幾何學的厲害之處。冷靜，別激動！現在我用一個很簡單的例子來跟你解釋。我就拿你的朋友菲德烈跟喬治來做舉例好了。你先告訴我，你知道兩兄弟的小孩要叫彼此堂兄弟吧！」

「我當然知道啊，我就有四個堂兄弟，你以爲我不知道嗎？」

「很好，那我先告訴你，菲德烈是麥可的小孩，而喬治是安東尼奧的小孩，然後我再跟你說麥可跟安東尼奧是一對兄弟。這時我就要問你啦，菲德烈跟喬治是親戚嗎？」

「是啊，他們是堂兄弟！」

「非常好，我們都懂了！雖然我沒有直接跟你說他們是堂

兄弟，可是你還是知道啦！你會知道他們是堂兄弟，就是因爲你使用了演繹：你先是知道了在什麼條件下的兩人會是堂兄弟，而這個條件在數學裡就叫做公理，然後你又知道了菲德烈跟喬治的一些資訊，這兩件事加起來，你就可以得到一個新的訊息，在數學上來說就是新的定理，那就是：菲德烈跟喬治是堂兄弟！這就是歐氏數學裡公理和演繹系統的一種應用。不是每件事情都要人家教，只要把腦袋裡學過東西讓它發芽長出所遇到的幾何問題的答案就好啦。」

「那你覺得我腦袋裡長得出不能只用八邊形磁磚鋪地板的答案嗎？」

「好，我們回到鋪磁磚的問題。給我一張紙跟一枝筆，我們從一個簡單但非常重要的定理開始，所有畫的或想的出來的三角形都適用於這個定理。如果你把三角形的三個角剪下來，把它們加起來就會得到一個平角。你知道一個平角是180°，而一個周角是360°，對吧？

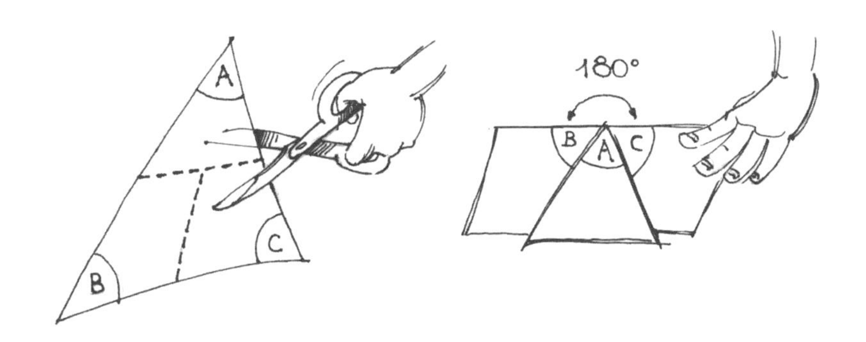

「很好，現在告訴我：我可以把這個正八邊形分成八個三角形嗎？」

「當然可以，就算在上面畫了這些線，它還是八邊形啊！」

「那這八個三角形的角度總合是多少啊？」

「太簡單了，就是八個平角啊！」

「沒錯。現在我們把這兩個在中間的紅色的平角剪掉，因為這兩個我們用不到。剩下的六個平角的就是八邊形的八個內角和，現在你應該可以跟我說，這個正八邊形的每一個內角各是多少度了吧？」

「我算算看喔，那些角的總合用乘法$6\times180^{\circ}$，總和就是，是多少啊？你幫我一下啦！」

「總和是1080°，對，$6\times180^{\circ}$的乘積是1080°」

「然後我再除以8，因為八邊形有八個角，答案是…… 給我計算機，答案就是……135°。」

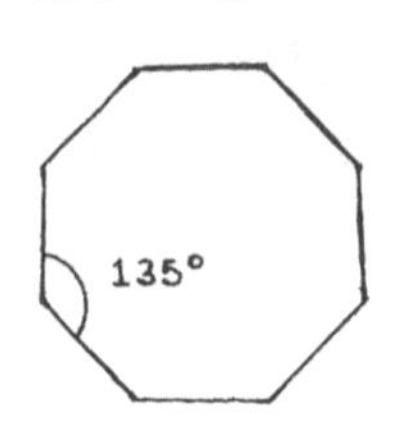

「現在我們都知道了不管是大的或是小的正八邊形，它的一個內角就是135°。此時要鋪磁磚地板的話，我們先把兩個正八邊形的磁磚排在一起，那這個角就是兩個135°，也就是270°。爲了要鋪滿地板，角度得是360°才行，所以現在還差一個90°的角，這個角太小，第三個八邊形放不下。」

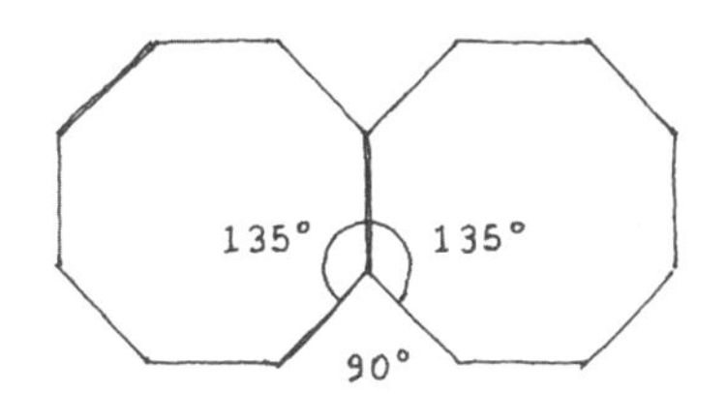

「可是剛好放得下一個正方形！正方形就一定可以擺得剛剛好！」

「答案就出來啦！這就說明了只用正八邊形的磁磚不可能把地板鋪滿，還要用到正方形才可以。而且啊！想要只用一種正多邊形來鋪磁磚地板的話，方法只會有三種，那就是正三角形，正方形，跟正六邊形。不相信的話，只要用我們剛剛算八邊形的方法驗證看看就知道。」

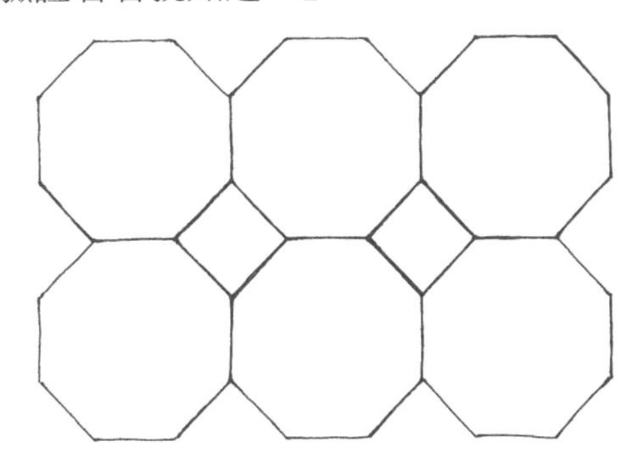

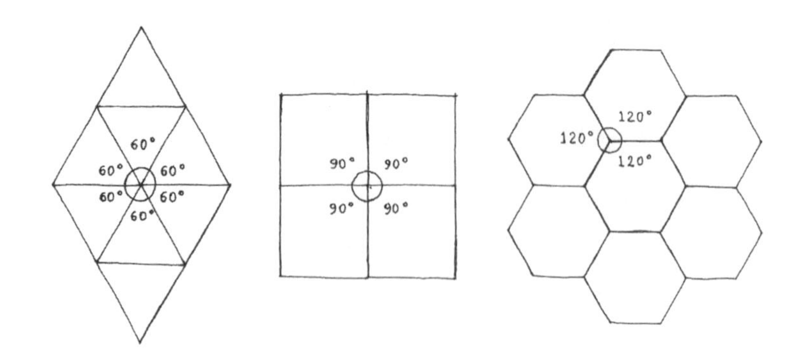

「眞是難以置信！我還以爲會有很多選擇，沒想到……」

「沒想到是有規則的！蜜蜂都知道，他們就把一格格存放蜂蜜的蜂巢築成正六邊形的。」

「嗯，這個我知道。我還有在書上讀過蜜蜂很精明，因爲六邊形的蜂巢可以用較少的蜂蠟做出較大的空間來存放蜂蜜。我超喜歡吃蜂蜜的！」

「沒錯！這回三角形跟正方形都得認輸了；在周長固定的條件下，相較於三角形跟正方形，六邊形的面積比較大。只要去看水都乾掉了之後的泥巴坑就好了，泥土會裂成六邊形正是因爲這個形狀所產生的裂縫長度最小，所以也是最容易成形的！」

「可是，你要馬上回答我喔！爺爺，該不會還有別的形狀可以打敗六邊形吧？」

「有！我馬上就可以告訴你答案，在相同周長的條件下，所有的幾何圖形裡有最大面積的不是六邊形，而是圓形，親愛的菲洛。對了，你聽過戴朵女王的故事嗎？」

「沒有，我不知道戴朵是誰，不過那個圓形贏過六邊形的事我不太相信。」

「圓形跟戴朵的故事我留到以後的晚上再說，現在你跟我說，對於我跟你解釋為什麼鋪地板不能只用八邊形的方法，你還滿意嗎？」

「爺爺，我想要明白的跟你說，只要用畫的，馬上就可以知道八邊形一定要跟正方形一起用啊，我只覺得那個歐幾里德是個愛雞蛋裡挑骨頭的人！」

「喔…… 眞是忘恩負義！很好，那你看一下這裡，你可以清楚知道哪一條線段比較長嗎？」

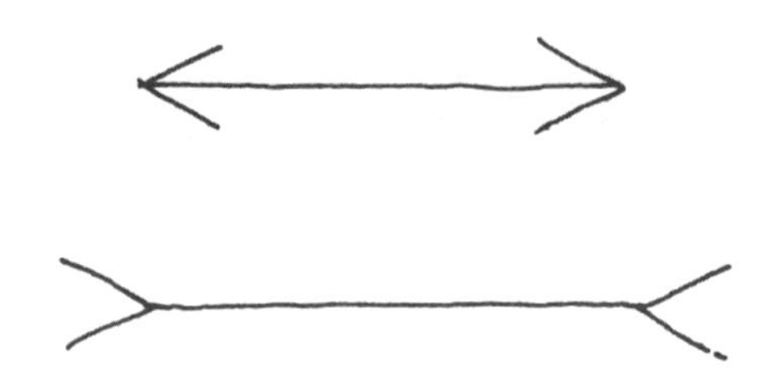

「嗯…… 我會說第二條的線段比較長，可是我知道一定有陷阱。」

「其實這兩條線段一樣長，是因為視覺的錯覺讓我們覺得兩條線不一樣長。所以永遠不要只靠感覺來判斷！歐幾里德就很清楚知道這個道理。再說，在他那個時代的希臘，有很多的哲學家、詭辯家以他們浮誇的說話藝術，顛倒是非、蒙騙世人

而感到自豪。這就是爲什麼歐幾里德想要把眞理都確立下來，不是誰奉行的，也不是誰論述的，而是客觀的眞理。所以當然要吹毛求疵囉！」

Chapter 5

根號二小姐

「我有一個好主意！爺爺，你知道是什麼嗎？我要叫茂洛叔叔在他家的門鈴旁加一個牌子，上面寫著**不懂幾何學的人不可以按門鈴**。當然郵差除外啦！嗯，就像那個在自己學校的門上刻這些字的希臘哲學家一樣，你認爲呢？」

「你是說柏拉圖嗎？」

「對，就像他一樣。因爲在茂洛叔叔的家裡，走到哪裡都看得到幾何學！因爲在進門之前，我就發現了一個五角星刻在

噴水池的石頭上面，叔叔跟我說那是畢氏學派的象徵。然後又帶我去花園那，問我園丁是怎樣把形狀修剪成橢圓形的。他在跟我解釋的時候，我想要爬到核桃樹上去，所以他就又問我：『你知道樹是屬於碎形嗎？』一進到家裡就中了圓吊燈的埋伏，一個球體，我等著叔叔問我：『這個球體的體積是多少啊？四分之三的圓周率乘以半徑的三次方。』還好後來他什麼都沒問，因爲我還沒學過球體，我只知道他常常在嘴邊唸的這個繞口令，因爲他老是在說阿基米德的事。這還沒結束喔！我們在壁爐邊坐下來之後，你知道我看到什麼嗎？一個鸚鵡螺的貝殼就擺在壁爐上，不偏不倚的正中間，旁邊還擺了兩個木頭做的正立方體，然後我就說我要去上廁所了。」

「是眞的，茂洛叔叔是幾何學的愛好者，尤其是自然界裡的幾何圖形。小時候他就把家裡堆滿了松果、海膽殼和各種形狀的水晶。總之就是各種有對稱跟規律性的東西。」

「當我在那假裝洗手的時候，叔叔就藉口說要拿毛巾給我而進廁所了。

「那確實是個藉口，因爲他一到就馬上問我：『告訴我，你喜不喜歡我這廁所的磁磚啊？』我看了一下，那些磁磚都是白色跟紅色的正方形，連個圖案都沒有，不過我還是跟他說我很喜歡。然後他就說：『聽爺爺說你數學不錯，那就來看看你能不能發現這個廁所裡隱藏的一個很特別的數字，非常特別的數字。』唉…… 我很用力的看了看四周，可是我一個數字都沒看到，更別說特別的了。這時我發現叔叔一直盯著牆角看，所以我也就跟著盯著牆角看。他眞的就是盯著牆角看，就是地板的磁磚跟牆壁的磁磚相接的地方，而牆壁的磁磚是斜著貼的。我看了一下叔叔，又看了一下磁磚，可是我腦子裡一片空白。那時候爲了掰個數字出來，我甚至要算有多少塊磁磚了，不過他卻大叫：『你沒發現牆壁的磁磚跟地板的不一致嗎？可能這事對你來說毫無意義，不過這可是一件很慘的事。』我被嚇到了，我以爲他很生氣，以爲他因爲不想付錢而跟鋪磁磚的人大吵了一架。相反的他卻跟我說這跟一件很古老的事有關，就是有個畢氏學派的人被殺了，因爲他洩漏了一個跟數字有關的發現，那些奇怪的數字，那些無理數！你還記得你也跟我說過嗎？所以我就比較有信心了，然後他跟我說了一件很奇特的事。爺爺你知道嗎？就算叔叔廁所的牆壁很長很長，都沒有盡頭，地板的磁磚跟牆壁的磁磚也還是不會有接在一起的點，就除了最一開始的那個點。」

「沒錯，也就是這個事實讓畢氏學派的人非常震驚，他們發現了正方形的對角線長度跟它的邊長沒有一個共同的倍數，也就是因為沒有這個公倍數，所以磁磚才會不一致。你看這廚房的地板，是用長30公分正方形磚頭鋪的，而牆壁上則是貼了12公分長的正方形磁磚，因為12跟30的最小公倍數是60，所以每隔60公分，磁磚的邊緣就會跟磚頭的重疊，你看到了嗎？」

「對，我知道，60是12跟30的最小公倍數。你知道葛拉茲老師是怎樣教我們最小公倍數的嗎？她舉例子說，有兩個推銷員，一個每12天到我們鎮上一次，另一個則是每30天一

次，這兩個推銷員什麼時候會碰到面呢？每60天就會碰一次面，對不對爺爺？」

「對極了，搞不好他們還一起去吃晚餐呢。不過現在我們回到叔叔的磁磚上面，就像我跟你說的，它們永遠不存在一個公倍數！」

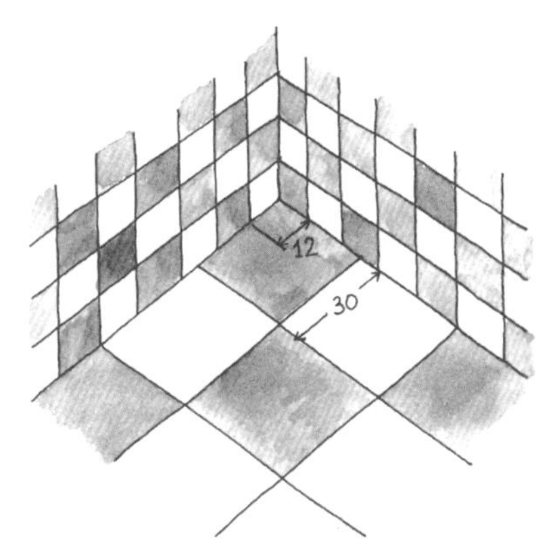

「拜託爺爺，你也太誇張了！世界上數字這麼多，有無限多個耶！你覺得就算我們很努力仔細的找，也還是找不到那個邊長跟對角線長的公倍數嗎？」

「對，找不到…… 眞的是這樣。因爲沒有任何一個線段的長度可以是一個正方形邊長的整數倍數又是它的對角線長的整數倍數，相同的也不存在一個線段，可以同時是邊長的因數的整數倍數又是對角線長的因數的整數倍數，因爲這是兩個互質的線段長，也就是說我們怎樣都無法拿一個正方形的邊長去測量它的對角線長，所以就隨它去吧！」

「那茂洛叔叔為什麼要把他廁所牆壁的磁磚斜著貼呢？他不能直著貼或是換另一種貼法嗎？」

「親愛的，你叔叔就是喜歡它們不一致，那會讓他想起數學史上的一個重大革命，新的數字的大發現，也就是無理數。無理數的發現就像是新的地平線的出現，像是一塊新的大陸，要我們的智慧去征服。」

「可是，爺爺，是誰跟你說正方形的邊長跟對角線長沒有公倍數的啊？」

「畢達哥拉斯跟我說的！當然不是他親口跟我說的，而是他的理論。你仔細聽我說喔，要找到邊長跟對角線長的公倍數的話，我們首先要知道磁磚的對角線是多長，對吧？

我們就來算算看吧！因為那條對角線就是將正方形分成兩個直角三角形的那個斜邊，這樣只要用畢氏定理就可以知道這對角線的長度。你來算吧！要記得磁磚的邊長是一公寸。」

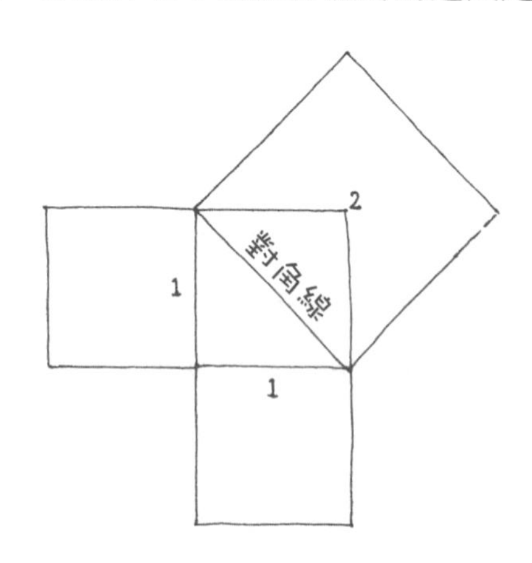

「這簡單啦爺爺，1^2+1^2等於2，所以對角線所形成的正方形面積爲2平方公寸。現在我得算這個正方形的邊長，所以我要知道哪個數乘上它自己會是2，是吧？」

「沒錯，就是這樣算，所以對角線就長$\sqrt{2}$公寸，現在問題來啦！親愛的菲洛，因爲沒有任何一個整數或是一個分數乘上它自己會是2！」

「等等爺爺，我要試試看，1×1得1，2×2得4，然後3×3得9…… 好吧，整數就算了。可是你怎麼可以確定沒有任何一個分數的值跟$\sqrt{2}$一樣呢？根本不可能全部都算一遍啊！」

「嗯……這就是數學的藝術囉！歐幾里德發明了一個非常傑出且特別的方式來證明，那就是歸謬法，我用堂兄弟的例子來跟你解釋好了。如果我跟你說，你的朋友托托沒有堂兄弟，我總不可能問遍世界上所有人看他是否是托托的堂兄弟吧。有個比較簡單的方法，那就是讓假設與現實矛盾，我們就假設托托有一個堂弟，那這個堂弟就會是他爸爸的兄弟姊妹生的，可是這樣就矛盾啦，因爲他的爸爸是家裡的獨生子。這樣你懂了嗎？」

「嗯，這眞的是個快速的好方法。」

「用一樣的方法，歐幾里德證明了不存在一個分數a/b的值會跟$\sqrt{2}$一樣。這個證明是許多完美證明中的其中一個。幾年前有個完美證明的比賽，這個證明可是排在前十名之內喔！我們可以叫它根號二小姐！以後我會證明一次給你看。現在，親愛的，再確定整數跟分數都不是答案之後，我們會發現$\sqrt{2}$是個小數點之後的數字有無限多個且不會循環的數，一個無法用分數來表示的數，就叫做無理數，就是非分數的意思：

$$\sqrt{2} = 1,41421 \ldots\ldots$$

「所以如果用正方形的邊長來當作單位長度，我們永遠無法知道它的對角線準確的長度會是多少，也沒有辦法知道它的倍數會是多少。菲洛你懂了嗎？」

「嗯，我懂了。我還知道了爲什麼茂洛叔叔要把磁磚貼斜的了！因爲這樣不管是誰進去廁所，叔叔只要藉口說要拿毛巾給他，就可以跟他講這個根號二小姐的故事了！不過，親愛的爺爺，在我的家裡我會避免這些問題的，我會用彩色的瓷磚，而且是正的貼，絕不貼斜的，而爲了讓客人們開心，我會跟他們說些馬克的笑話。」

Chapter 6

聰明的公主

「好啦，爺爺，今天你要跟我說那個畢朵女王的故事了嗎？」

「畢朵？戴朵！戴朵！她的名字是戴朵，而且她的故事美極了，是古羅馬偉大詩人維吉爾創作的《埃涅阿斯記》裡的一段。《埃涅阿斯記》是跟《奧德賽》很像的史詩故事，你一定也會喜歡的。主角埃涅阿斯就跟奧德修斯一樣，在他抵達義大利之前，也是經歷過一趟冒險重重的旅程，並在義大利定居，而建立羅馬城的孿生兄弟羅穆路斯和雷姆斯是他的後代。在旅程的途中，他曾在北非的一個海岸靠岸，也就是在那裡他遇見並愛上了戴朵。戴朵是誰呢？她就是迦太基城的創建者，她原是腓尼基人的公主，自她的國家泰爾逃離來到北非，向亞爾巴斯國王尋求庇護。她向國王要求一塊地讓她跟她的追隨者定居，而亞爾巴斯卻回說：『只要是這一張牛皮所能包圍到的地我都會給你。』他是這麼跟戴朵說的。」

「好小氣喔！我一點都不喜歡這個亞爾巴斯。」

「亞爾巴斯很狡滑，他想要測試戴朵是否眞的機智過人。

「美麗又機靈的戴朵公主想到了一個絕妙的點子：她把牛皮裁成細細的長條狀，她就用這條細長的牛皮繩在地上圍出一個圓圈，你知道爲什麼圍成一個圓嗎？因爲圓形的面積最大。而這個圓就圍出了迦太基的未來。這個故事你喜歡嗎？」

「埃涅阿斯跟戴朵後來有結婚嗎？」

「沒有，很遺憾的他們並沒有結婚。不是所有的故事都有一個美好的結局，埃涅阿斯後來離開了戴朵，因爲他必須順從命運，完成創建羅馬城的使命，而戴朵則是因爲太過傷心而自殺了。」

「眞是可惜！如果可以讓這麼聰明的人當羅馬的皇后就太好了。你不覺得嗎，爺爺？」

「是啊，不過現在你別傷心，讓我們將話題回到圓形上

吧。就像我跟你說過的，在相同周長的條件下，圓形會有最大的面積。你有看過吃完草後的綿羊在空地或是樹蔭下群聚嗎？那你有沒有發現那堆毛茸茸、容易受到驚嚇的綿羊通常都是圍成一個圓呢？你想像如果狼來了，再猜猜看綿羊圍成圓形的原因。」

「我不知道…… 我想可能是因爲這樣牠們會覺得比較安全，如果只有一隻羊的話，狼很簡單就可以咬住牠，相反的，如果是一整群的話，危險性就降低了。」

「眞聰明！沒錯，如果是一群的話，被外敵侵犯的可能性就降低了。不過，你知道爲什麼牠們要正好群聚成一個圓嗎？」

「不知道…… 如果狼來了，可以很輕易的就咬住一隻，在外圍的那隻羊。我知道了，爺爺！如果牠們排成圓形的話，

圍在外圍的羊就比較少隻，也就是說，在外圍的羊會比圍成三角形時的少！因爲相同面積的條件下，圓形的周長最小。」

「你完全理解了。不過圓形有個缺點，一個許多人類都會有的缺點，也就是不懂得如何跟別人相處。你試試看把許多圓形排在一起，它們兩兩之間只會有一點接在一起，其餘的地方就留下了空位，所以圓形並不適合用來鋪地板。而如果要讓圓形之間留下最少的空間的話，最好的方法就是每一個圓旁邊都排上另外六個圓。」

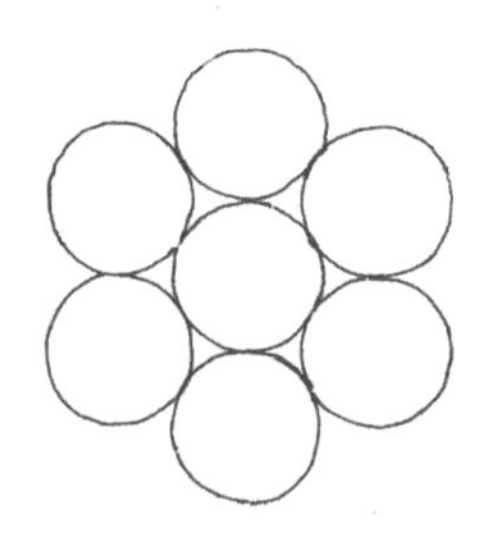

「眞辛苦耶！我覺得排成這樣根本就是學在磁磚項目拿冠軍的正六角形啊！話說回來，爺爺，圓形不只是跟別人處不來而已，它們連跟自己的直徑都處不好呢！你有跟我說過，圓形的周長跟直徑沒有一個確切倍數關係。」

「沒錯！就像正方形的邊長跟對角線長一樣，圓形的周長跟直徑的倍數在小數點之後有無限多個且不會循環的數字，所以我們永遠不可能確切地知道它的倍數！事實上，我們只知道圓周長會是直徑的三倍又多一點，而這多出來的一點並沒有一個精確的值。」

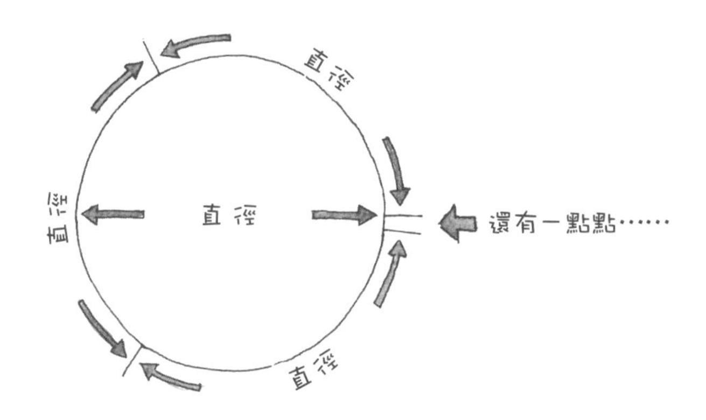

「我知道，我知道，那個就是圓周率，寫作π，音讀拍，它是希臘文的P。我還記得阿基米德找了兩個守衛困住它，阿基米德說：『親愛的圓周率，雖然我抓不到你，但至少我可以用兩個數值把你困住，而且我知道你肯定逃不了這個範圍。』」

「你說的沒錯，阿基米德找到了兩個數字『守衛』3.140跟3.142，這兩個數是一個以直徑為一公尺的圓的外切及內接的兩個96邊形的周長。圓的周長就介在這兩個多邊形的周長之間，它不會小於3.140公尺也不會大於3.142公尺，所以這個圓的周長是3.141……公尺，也就是說，是它直徑的3.141……倍，這樣就找到π的近似值了。所以如果有個圓，假設它的半徑是γ，那直徑就是2γ，周長的公式就變成

$$\text{圓周長}=2\pi r$$

「嗯，我知道，我們在學校也有用這個公式。不過，爺爺，阿基米德用的這個方法跟我同學馬克用的一樣耶！今天馬克不管怎樣都想要吃到他表弟安德烈帶的點心，可是安德烈不想要給他，所以他就把安德烈逼到牆角，他沒有打安德烈，他就這樣站在安德烈面前，把他困在牆角，阻止他逃跑，所以最後安德烈就分一些點心給他。後來葛拉茲老師把兩個人都罵了一頓，因爲安德烈不夠大方，而馬克太過蠻橫，可是老師也太愛管閒事了吧！總之，在學校我們都把π當成3.14，其他的小數部分就不管了。爺爺，你知道3月14日是世界圓周率節嗎？可是它不是像父親節、母親節或是嘉年華那樣會有禮物、點心跟其他的東西…… 這節日是被發明來要我們這些可憐的學生多寫點功課的。」

「唉，這節日應該說是爲了要替被打壓的數學打些廣告的，也多介紹一些像阿基米德所發現的數學基礎原理給大家認識。」

「爺爺，我在全班同學面前出風頭了！今天葛拉茲老師教我們怎麼算圓的面積，然後我就想到之前你用過的一個方法。總之，我口袋裡有一個圓型的軟糖，我跟老師說：『老師，我知道有個方法可以算，如果我把這塊軟糖切開，就會變成很多條糖果，然後我再把它們排在一起，它們就會變成一個三角形。』葛拉茲老師就說：『很棒，那你做一次給大家看。』然後大家就圍到我旁邊，我用小刀把它切開，然後再排成三角形。

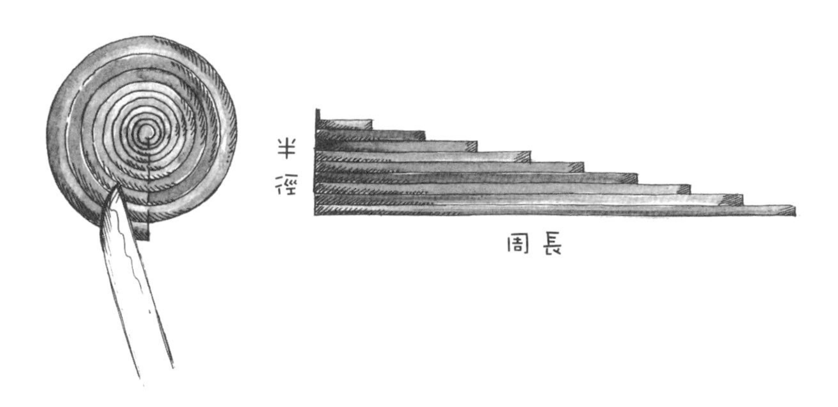

「你應該看看我的同學們是怎麼樣的關心我，他們都想要幫助我，可是葛拉茲老師卻說：『讓他自己來。』總之最後大家都知道三角形的面積是底乘高除以二，所以這個圓形的面積就是周長乘半徑除以二。」

「你果然是塊當老師的料！而因爲周長的長度是$2\pi\gamma$，所以圓形面積公式就是

$$圓面積=\pi\gamma^2$$

「可是，爺爺，我的軟糖消失了！等我示範完之後，我的軟糖都被吃光了，連一小塊都沒有留給我。」

「嗯，當科學家有時候是要有所犧牲的，不過會很有成就感啊！就拿現在來說，你可以證明正方形和圓形在相同周長的條件下，圓形的面積比較大，你不用試著去相信它是對的……

你自己就可以證明它是對的了，很有成就感吧！你還記得那條讓你圍出一塊屬於你自己的土地的200公尺長繩子嗎？在三角形跟正方形之間，你會選擇要圍成一塊邊長50公尺的正方形。」

「對，這樣我就會有一塊面積2500平方公尺的耕地。好的，爺爺，那現在我們就用同樣一條繩子來圍成一個圓形，看看這樣我會有多大塊的地。我來算算這個圓的面積，可是，我不知道怎麼算這個圓的半徑啊！這樣我怎麼算面積啊？」

「你要記住：數學是位偵探，它會用它所有的已知的東西去發現那些未知的事情。」

「等等，我應該可以算出來…… 我知道這個圓的周長會是200公尺，所以我就把公式倒過來變成半徑＝周長除以2π，這樣知道半徑之後我就可以算面積了。給我計算機，讓我算一下。太不可思議了！面積是3184平方公尺耶！那我要我的地是圓形的！就跟機智過人的戴朵一樣！」

Chapter 7

輪子企業集團

「爺爺，你有聽到廣播裡說到的那件事嗎？眞是太令人難以置信了！他們說黑猩猩是現存的與人類親緣關係最近的動物，與我們人類的DNA差異只有百分之二耶，我很替牠們感到高興，因爲牠們好可愛，尤其是當牠們幫對方抓跳蚤的時候。」

「沒錯，聽起來很不可思議。而那百分之二的神祕差異是我們跟黑猩猩有許多不一樣的地方，也正是那些微的百分點差異讓我們有藝術、文學、哲學、科學等這些東西，少了這百分之二，你跟我就不會在這邊談論正方形、圓形還有其他美好的數學理論。」

「我們眞的很幸運。總之，爺爺，我想過了，如果要在正方形和圓形之間做選擇的話，我比較喜歡正方形，因爲不管什麼形狀的面積我們都是用正方形去算的，像是平方公分或是平方公尺不都是這個意思嗎？所以正方形比較重要。」

「很棒的想法！你有好好的利用到這百分之二的差異喔！你說得沒錯，以這方面來比的話，正方形是很特別，可是你也不可以小看圓形喔！對希臘人來說，圓形是個完美的圖形，且圓形可是個天才，隨處可見它的身影！特別是在自然界，不過，也常見於人類所建造的機器上。我說的機器可不只是汽車而已，事實上機器（machine）這個字源自於希臘文的mechané，就是有創造才能的、製作精巧的意思。而最精妙的機器莫過於古希臘人製造出來爲了讓看戲的大眾感到吃驚和著迷的機關了：從假龍口中噴出火焰、飛在空中的假鳥、像在暴風雨中行進的船、扮演神的演員從天而降，以及扮演死人或是

被神祇綁架的演員升上天去…… 在這些機關裡至少都會有個零件是圓形的，那就是輪子。總之，我相信最早被人類使用的圓形機器就是製陶工匠的轉盤。」

「製陶工匠？那些做花瓶的人嗎？」

「不是，你想到哪去啦？製陶工匠可是很重要的人！就是有他們的存在，那些農耕者跟畜牧業這所生產出來的像是葡萄酒、橄欖油和麵粉這些東西可以被保存跟搬運，因爲製陶工匠就是專門在製造容器的。當時並沒有玻璃做的瓶子，更別提塑膠製品了。你有沒有看到伊奧利亞火山群島的農業博物館裡有很多件雙耳細頸的陶製酒瓶跟油瓶啊？那些都是很久以前在地中海上從事商業交換的商船上找到的殘骸的修復品。而爲了製造酒瓶、油瓶這類的東西，製陶工匠們就發明了拉坯轆轤，一個會旋轉的工作平台，一個垂直的轉軸連接兩個轉盤，上面的那個轉盤就放上待塑形的陶土，用腳踢下方的轉盤就可以讓這個機器旋轉起來，空下來的雙手就可以利用離心力把濕軟的陶土捏製成形。多麼傑出的發明啊！這樣就可以輕易地製造出圓形。」

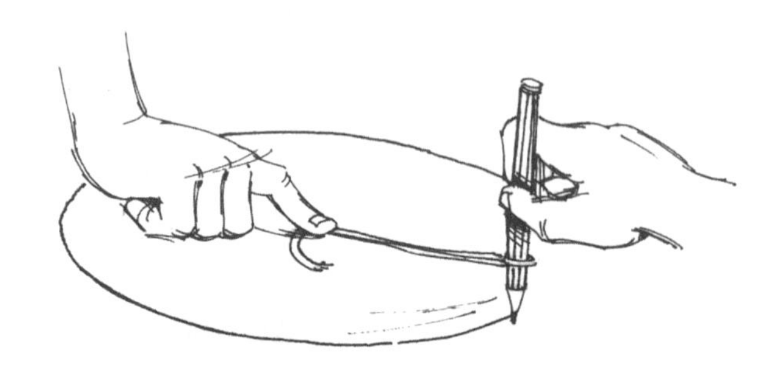

「嗯，我知道怎麼畫圓形，只要用一條細線兩端各綁上一個小尖錐就可以了。在學校的花園裡，我們就用這個方法蓋了一個很漂亮的圓形花圃，先把一個尖錐固定在要當成中心點的地上，然後再用另一個尖錐在地上畫圈，不過要把繩子拉緊著劃，不然畫出來的圓就會歪七扭八！」

「沒錯，拉緊的繩子就是要確定圓周上的每個點都跟中心點的距離相同：這也就是圓形的特點！而人類也就是因為看到了製作陶土的轉盤之後，想到可以把它變成用來運輸的輪子。當初在搬運樹木的時候，他們就發現或許用滾動的方式會比用拉拖的搬運方式來得輕鬆，不過難就難在怎麼想到要打個洞並

插上轉軸讓它轉動。」

「爺爺，搞不好是有個製陶工人因爲不滿意他的作品，就踢了他的轆轤一下，然後就發現它會轉動啦…… 」

「嗯…… 這個假設很有可能喔！我在書上看過，他說世界上最早用來運輸的輪子就出現在美索不達米亞，就是現在的伊拉克境內，時間好像是在西元前三千五百年前。事實上，那片肥沃的土地也被認爲是農業的發源地，因爲最早的非野生植物種子就是在那邊發現的。一開始，輪子只是一個平盤上有一個插轉軸的洞，後來爲了減輕輪子的重量，就在平盤上開更多的洞，一直到西元前兩千年前，它就長得像現在的輪子這樣了。」

「爺爺，我對輪子很著迷，應該說對特定的兩個輪子著迷！你知道的對吧？」

「腳踏車的那兩個輪子！」

「拜託，別開我玩笑了！如果你可以幫我說服爸爸跟媽媽買摩托車給我，我可以借你騎幾次啊！安全帽的話，你就當成聖誕節禮物送給我。」

「再等等吧，離你十四歲還有好多年呢！讓我們回到輪子的話題上吧，你知道輪子可以做多少事嗎？大部分的人都只會想到車子的輪子，但是輪子在其他機器上的功用可是無法想像的多。譬如說，把輪子加上槳板的話，它就可以讓磨坊的石磨靠水力或是風力來轉動；如果在輪子的圓周上做凹槽再放上繩

子，或是把兩個輪子用皮帶連接起來，就變成了可以輕鬆舉起重物的滑輪；同樣地如果你把輪子的周圍做成鋸齒狀，再把它跟另一個齒輪結合，就變成手表裡的齒輪傳動裝置了！我有跟你說過阿基米德用一隻手就把一艘船抬起來的故事嗎？」

「只用一隻手？你在開玩笑嗎？他不是超人吧！」

「沒有，我沒有在開玩笑。我跟你說，有一次敘拉古的國王海維隆建造了一艘大船，不過因爲船太重了，不管用什麼方法都沒辦法把船推到海上，所以他就叫他傑出的市民阿基米德來幫忙。你也知道阿基米德不只是位數學家，也是個工程師，他是在埃及的亞歷山大城念書，而他的老師正是歐幾里德的學生。好啦，阿基米德是怎麼辦到的呢？他用滑輪做成了一個類似現在的滑車組的機械裝置，這個裝置可以減少將船推到海上所需施加的力量。那個裝置就是比較大型的這個：

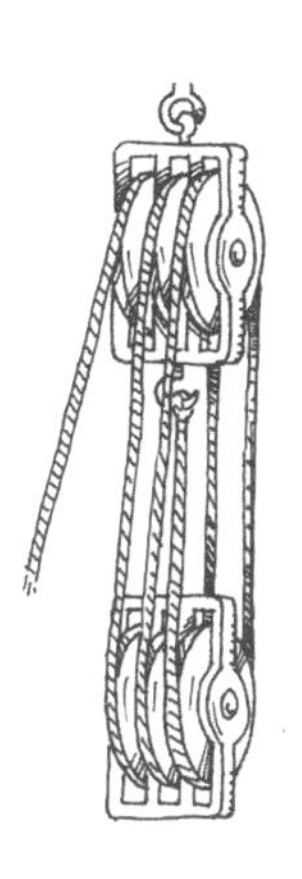

他在這個裝置上加一個簡單的握柄，把船吊起來，就可以很輕易的讓船在圓木上滑動，把船拖到海上。你想像那個情景，所有的人都發出不可置信的歡呼聲，國王也很感謝他，所有的小孩都爭著要看那個神奇的裝置…… 也有人說，就是在

那個時候他發表了那句名言：『給我一個支點，我就可以舉起整個地球。』他說的就是使用槓桿原理。」

「你想想，爺爺，如果阿基米德不要花這麼多時間去發明擊退羅馬人的武器的話，腳踏車可能就會是他發明出來的了！我覺得他一定發明的出來，這樣從那時起，小朋友就可以開心的騎腳踏車了。我登山自行車的輪胎超堅固的，我騎在滿是樹根和碎石的山坡路上，結果輪胎連一點刮痕都沒有！爺爺，以前你年輕的時候，在腳踏車還沒有變速功能的時候，都是怎麼爬坡的啊？」

「親愛的菲洛，爺爺的腿很有力的！你看，腳踏車的變速器就是使用齒輪裝置，雖然齒輪之間不是直接接觸而是用鏈條來帶動，不過原理是相同的。」

「那你可以跟我解釋一下到底要怎麼變速嗎？因爲我還是搞不太懂耶！上次跟馬克一起騎腳踏車出去玩的時候，我跟他說：『我教你怎麼變速，之前我爺爺有跟我講過怎麼變。』然後他就聽我的，在上坡的時候他也用了跟我一樣的方法變速，可是後來他很想要修理我。」

「我現在就跟你解釋齒輪裝置的結構，你馬上就知道腳踏車的變速器是怎麼作用的，這樣之後你跟馬克出去玩就不用擔心了。

「你看一下這兩個齒輪，分別是20跟40齒的，如果我們用把柄轉動比較大的那個齒輪，就會因爲鑲嵌在一起的齒輪而

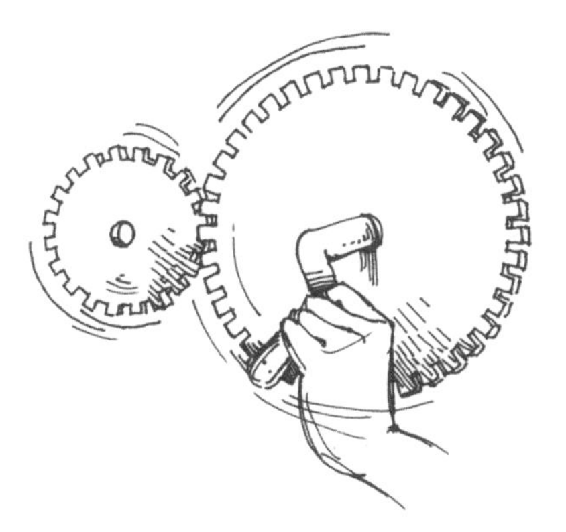

帶動另一個較小的齒輪，不過因爲大的轉一圈是40齒，所以小的就要轉兩圈，這樣懂嗎？」

「懂，所以小的會跑得比大的快！」

「沒錯！速度會是大的齒輪的兩倍。現在仔細聽囉，如果那個小的齒輪換成更小的，譬如說換成10齒的，就又會跑得更快了，對吧？」

「對！這樣速度就變成四倍！」

「也就是說，小齒輪轉動的速度就是要以它跟帶動它的那齒輪之間的齒輪數目來決定。就我剛才舉的例子來看的話，它們之間的倍率分別爲：

$$\frac{40}{20} \text{ 和 } \frac{40}{10}$$

「現在我們來看腳踏車的，踩腳踏板所轉動的齒輪會透過鍊條來帶動連接在後車輪那個較小的齒輪，這樣後車輪所轉動

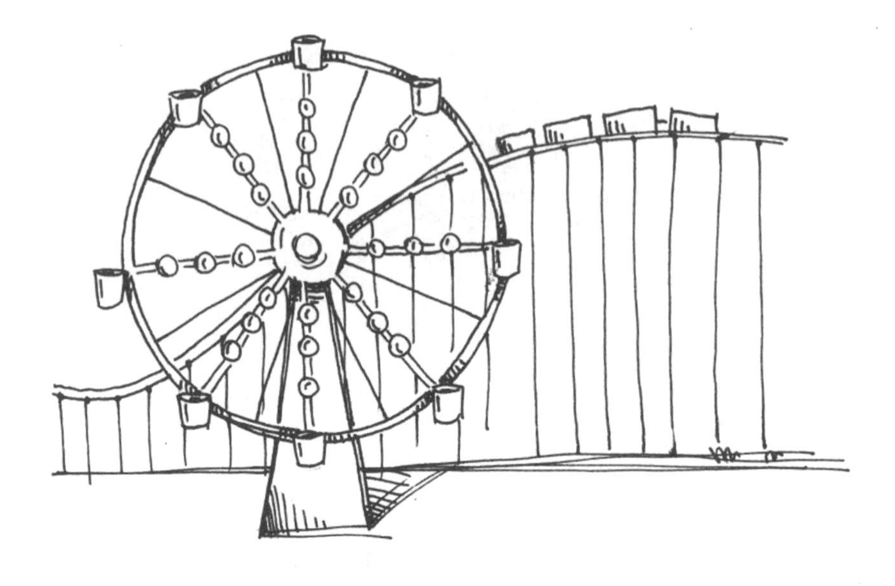

的圈數就會跟小齒輪所轉動的圈數一樣。所以有加裝變速器的腳踏車就不只有一個齒輪，有時甚至會有6到7個，這樣只要轉換不同大小的齒輪，就會有不一樣的轉動速度。就拿我的腳踏車來舉例，連著腳踏板的那個齒輪有42齒，而後面分別有13、15、18、21、23和26齒的六種不同小齒輪，如果在平地上想要跑快一點，就選用42/13的搭配方式，但如果是上坡的話，就要選用42/26的搭配方式，雖然速度會比較慢，但爬坡時會比較輕鬆，其他的搭配方式就是用在介於這兩種情況中間的時候，這樣你清楚了嗎？」

「非常清楚，爺爺！而我的腳踏車因爲是登山用的，所以它不只是後面有7個小齒輪，連前面也有3個，這樣我有3乘以

7，總共21種方式可以變速，所以不管是爬坡或是下坡我總是跑第一個！」

「好啦，你有沒有發現我們說了很多種輪子的用法啊？」

「有，可是我覺得如果我們在多想一下的話，一定會發現更多地方有使用到輪子，讓我想想喔，有了，我想到了，還有飛機跟直升機的螺旋槳！爺爺，我們都忘了最美麗的輪子了，那就是命運之輪和遊樂園裡的摩天輪！」

Chapter 8

阿爾罕布拉宮的
可麗餅、三明治和甜點

「我不會像馬克一樣把每個禮拜的零用錢都亂花掉，我會把錢省著用，一部分存起來買狂歡節時的玩具，一部分拿來買糖果、巧克力還有草莓口味的口香糖，剩下的我就拿來買隱形墨水。」

「相反的，馬克都把錢花光光，是嗎？」

「對啊，他都買洋芋片跟爆米花來吃，剩下的錢就買模型玩具跟貼紙！」

「嗯…… 那你想要怎樣呢？就是兩種不同的生活方式啊！跟我說說你們學校辦慈善園遊會的時候，你跟馬克有很慷慨大方嗎？」

「有啊，有啊！我把身上的錢都花光了。我還吃了兩個超好吃的可麗餅，你應該看看那個老闆怎麼做可麗餅！他的座右銘是『不成可麗餅，便成仁』。他超厲害的，瞬間就把鐵板上的麵糊攤成圓形，煎一下之後塗上果醬，就在這個時候，他使出大師的功力，把餅皮對摺再對摺，一點誤差都沒有！」

「這我相信，他利用了圓形的另一個特性！我倒想看看他能不能把別的形狀也對摺的沒有誤差！圓形的話，只要是沿著直徑的線對摺，那兩半一定能吻合。其實圓形的每一條直徑都是對稱軸，而之所以叫對稱軸，是因爲這條線可以把一個圖形分成能夠完全重疊的兩個部分。」

「我也知道對稱軸，因爲葛拉茲老師有教過我們一個特別的畫蝴蝶方法，她叫我們只要畫一半的蝴蝶，之後又叫我們把紙對摺，當我們把紙打開的時候，很神奇地就出現一隻好像在飛一樣的蝴蝶了！」

「對，在外觀上，蝴蝶就跟我們人的身體一樣，有一條獨特的、垂直的對稱軸。」

「可是，爺爺你覺得爲什麼我們會長這樣啊？而且不只是我們，其他的動物也是，像是狗、貓還有鳥兒等等。」

「這是個好問題，親愛的菲洛！我唯一想到的理由就是，兩個耳朵、兩隻眼睛、兩隻手臂，都比只有一個來的好，而且如果製造的方式也一樣的話，就更好了！你看你畫蝴蝶的時候有多省時間啊！要是對稱軸不只一個的話。總之，只有圓形有無限多個對稱軸，正方形也是很勻稱的圖形，還好它只有四個對稱軸。我想到了一個好主意，我們來動動腦，找找看正方形的對稱軸，不過我們不做可麗餅，換做三明治吧！來，你來切夾火腿的吐司，要找到所有你想得到的對稱方式。」

「爺爺，我不知道是怎麼了，可是火腿讓我的腦袋變靈活了，我已經想到了！可以照邊長這樣對切，或是那樣切，也可以照對角線這樣對切，還有照對角線那樣切！」

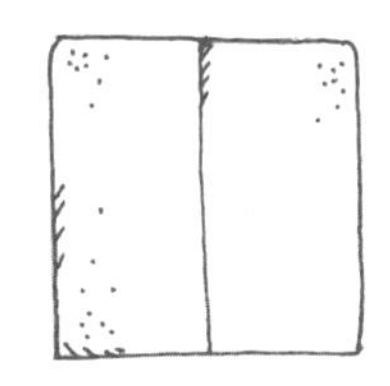
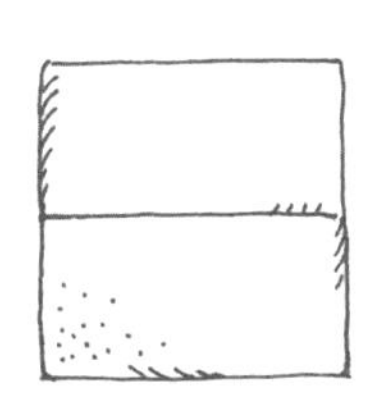
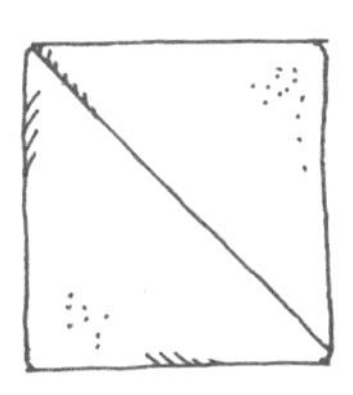
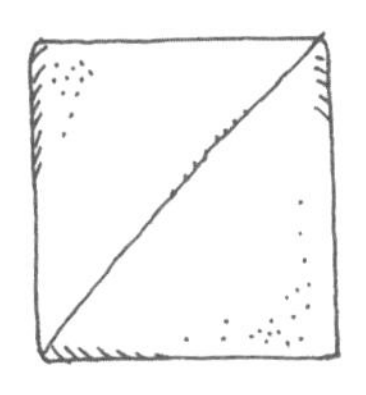

「好棒喔，你說的沒錯，火腿眞是太神奇了！不過我不能老是用食物來解釋對稱軸，讓我想想還有什麼東西可以舉例。

啊！我想到一個很漂亮的東西來當例子，那就是雪的結晶，超美麗的雪結晶！」

「嗯，爺爺，雪的結晶美呆了！去年冬天，我們在學校的花園裡拿顯微鏡看雪的結晶！不過，眞的每一個結晶都長得不一樣嗎？」

「它們每一個都長得不一樣，但同時又都有一樣的形成模式。雪的結晶就是美在這裡，在這麼多不同的形式下，卻又都符合一種規則。其實如果你仔細觀察的話，你會發現每一個結晶都有三個對稱軸，並在這三個對稱軸上形成各式各樣不同的圖案。」

「可是，爺爺，這樣結果還是圓形贏啦！它有無限多的對稱軸，不過我很替正方形感到難過，特別是因爲人類都沒問過任何意見就把它發明出來了。」

「對，在對稱這項圓形獲得勝利！像你騎腳踏車的時候不會顚簸就是因爲車輪有無限多個對稱軸。不過也不能小看正方形的四個對稱軸，它也是能創造出無限多的對稱圖形。我們來

準備一塊厚紙板、一根針還有一張紙。」

「這些我房間裡都有。我馬上拿來，長官！」

「很好，現在我們把正方形的厚紙板沿著對角線裁開，這樣我們就有兩個等腰三角形，然後我們在其中一個的中心點，也就是角平分線的交點上用針戳一個洞。現在我們把這中心有個洞的三角紙板放在紙上，用針戳過中心的洞並在紙上留下痕跡，然後把三角紙板翻過來再戳一次，這樣做四次之後就覆蓋過紙上的一個正方形區域，並留下四個洞；就這樣一直重複這樣的動作直到整張紙都覆蓋過了。」

「等等，爺爺，讓我來，我最喜歡在紙上戳洞了。這樣可以嗎？」

「你做得好極了！如果這張紙大到沒有極限的話，你就可以一直戳下去了！可是現在先停下來看我做，我們先把三角紙板拿開，然後我們把紙上的洞用鉛筆畫線連起來，猜猜看會出現什麼圖形啊？」

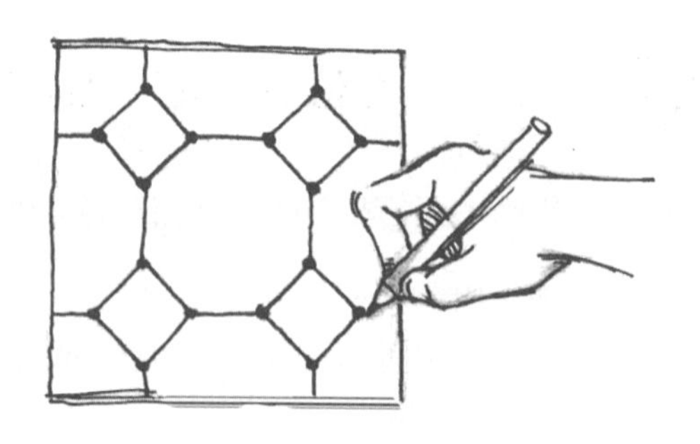

「爺爺，這個好像在變魔術喔！這就是我之前要蓋小別墅時用正八邊形跟正方形鋪的磁磚地板圖形啊！」

「沒錯，正是那個圖。現在要仔細聽我說喔，因爲只要是跟幾何學有關，就會驚喜不斷。我教你做壁紙，這樣就可以裝飾你小別墅的牆壁了，因爲只要解決了蓋房子的問題之後，就會想要把家妝點得更漂亮！你也這麼認爲吧？就算是古時候的人也會想這樣做的。隨著時間的演進，那些教堂、寺廟、房屋到處都充滿了裝飾品。親愛的菲洛，生活可不是只跟食物有關！來吧，我們來工作囉！就用剛才畫好的用八邊形和正方形交織出來的那張紙，然後畫些令人開心的圖案上去。我們可以在八邊形裡畫樹，在正方形裡畫花，或其他的東西，由你來做決定。」

「我不知道啦！我應該比較喜歡網球拍跟足球那類的東西，我是個愛運動的小孩啊！」

「好，那就開工啦！你畫足球，爺爺我來畫球拍，最後再把這些描線擦掉。」

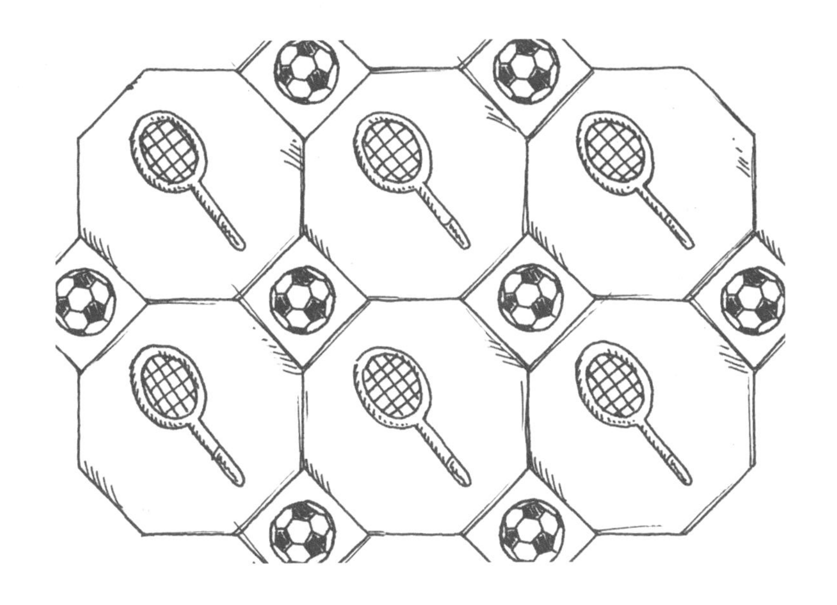

「爺爺，好漂亮喔！每個都好整齊！我想要把它拿給葛拉茲老師看！」

「現在想像一下，你有好多張這樣的壁紙，可以把它一張接著一張都貼在牆上，這樣你的牆壁上就有好多好多這麼漂亮的對稱圖形。但是你知道眞正驚奇的事情是什麼嗎？那就是除了這種八邊形跟正方形組成的網格狀圖之外，還存在另外16種不同的網格狀圖可以像這樣有對稱的關係。總之，如果你還想要製作像這樣用幾何圖形組成的對稱圖形的壁紙的話，雖然你可以在每一格裡畫上許多不一樣的圖案，可是格子的組成方式就只有17種。」

「而有些人認爲17是個不吉利的數字！你有沒有別的圖

形可以給我看看啊？這樣我明天可以帶去學校跟馬克一起在上面畫畫！」

「當然有！來我房間，我以前的學生有畫很多出來，有些是用電腦畫的。你看這兩幅很漂亮吧。

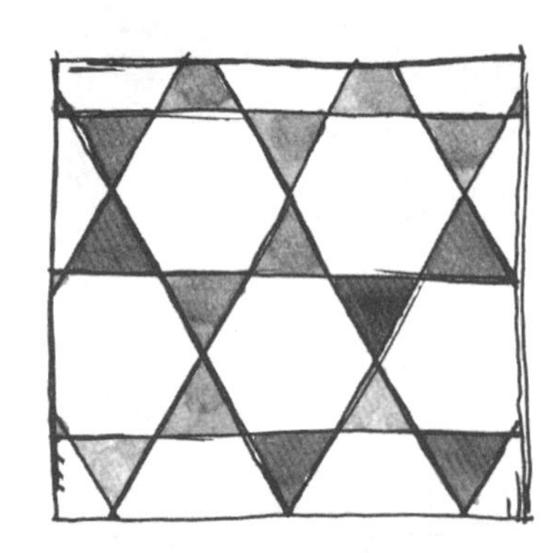

「只要用另外兩種形狀的厚紙板，你跟馬克就可以用我們剛剛用過的方法來製作這兩種圖，把正三角形的厚紙板裁成一半的話，就可以做出第一種圖形，而裁成正六邊形的三分之一可以做出第二種圖形。你覺得怎麼樣？」

「學期末的時候我們肯定會得獎！搞不好葛拉茲老師還會叫我們把作品拿給其他班級的小朋友看，可能也會去琳達的班級。」

「你想想看，如果牆壁上還有地板上都貼滿了這17種圖形，再加上五顏六色的裝飾圖案，這樣一定很漂亮。」

「爺爺，你不要想太多了！我們可不能一輩子都在畫

畫！」

「不，我不是說要你們自己畫！已經有這樣的房子了，就是西班牙的格拉納達省裡的阿拉伯式宮殿要塞，那有名的阿爾罕布拉宮。早在西元1400年，穆斯林的藝術家就用這17種網格狀對稱圖形來裝飾他們的宮殿，你要知道，因爲伊斯蘭藝術裡不能有生物的存在，所以就發展出許多絕妙的幾何圖形。許多遊客看到這些五顏六色的規則圖形都覺得很欽佩，可是很少人會知道在這豐富的圖形中，可是包含了很嚴謹的數學規則。一直到有個有點瘋瘋的且很熱愛對稱圖形的荷蘭畫家柯尼利斯．艾薛爾，以極佳的專注力及他妻子的幫助之下，把阿爾罕布拉宮裡所有不同的裝飾圖形都拷貝下來，讓他可以在家慢慢的觀察、研究。這樣觀察了幾年的同時，這些對稱圖形也給了他創作許多美麗雕刻品的靈感，而這些雕刻現在可都是世界有名的呢。直到經過了十年的研究之後，才發現這宮殿裡各式各樣的裝飾圖形，其實都是從17種圖形重複排列出來的。不過這要等到一位匈牙利的數學家，名叫喬治．波利亞，他證實除了這17種之外不可能存在其他以幾何圖案形成的網格狀對稱圖形。總共17種，也就只有這17種。那時已是西元1924年，在將近六百年之後才揭開了阿爾罕布拉宮裡裝飾圖形的神秘面紗！」

「爺爺，聽完你這樣大力的介紹之後，我好想要去看看喔！」

「你說的沒錯。我們是應該要去一趟西班牙，好好的欣賞一下這些美麗的東西。」

「我明年夏天就要去。爺爺，我們也帶馬克去好不好？跟他一起去一定會很開心。那現在你就先幫我在網路上找找阿爾罕布拉宮的資料好嗎？」

Chapter 9

雙胞胎、兄弟、堂兄弟……還有朋友

「爺爺，你喜不喜歡這張我跟朋友一起拍的照片啊？我沒有拍得很好看，因爲馬克正想要把我絆倒，不過我們穿著新球衣都很帥！對吧？」

「非常帥氣。你媽媽把你們胸前的號碼縫得很漂亮。其他的隊員在哪裡？」

「有全部隊員的海報我們已經貼在體育館那邊了。爺爺，我們超強的喔！我們已經贏兩場比賽了，不像去年是班際比賽裡排名倒數的。你看，在我們後面有為了下一場比賽準備的加油布條：『不久之後我們就是第一名』，你覺得如何？」

「我覺得是很棒的加油口號！不過這個跟馬克和他兩個哥哥們長得很像的人是誰啊？」

「那是安德烈，是他們的堂弟。爺爺你看，馬克跟他哥哥非常像，然後他的兩個哥哥強尼和裘力歐，因為是雙胞胎，所以兩個人根本就長得一模一樣，而安德烈只是堂弟，不過也有些地方跟他們很像，像是紅色的頭髮、雀斑，鼻子也有點像。我就不同了，只有球衣跟他們一樣而已！」

「除了球衣之外，還有很多地方也一樣，你們是朋友啊！從雙胞胎到兄弟、堂兄弟，再到朋友，或許相似的地方越來越少，但總是有地方是一樣的啊！你知道這件事讓我想到什麼嗎？這讓我想到幾何圖形的一些變化，和這樣的情形很類似。你仔細聽好了，因為這非常有趣。我們就再來說說正方形吧！它可是我們最愛的圖形。我們來裁一張正方形的厚紙板，把它放在一張紙上，沿著它的邊描一圈，然後我們把紙板移個位子，現在看你是要直接放過來，或是把紙板轉個角度，或是要翻面也可以，然後再沿著邊描一次。你覺得這兩個正方形有什麼樣的關係呢？你會想到照片裡的哪兩個人啊？」

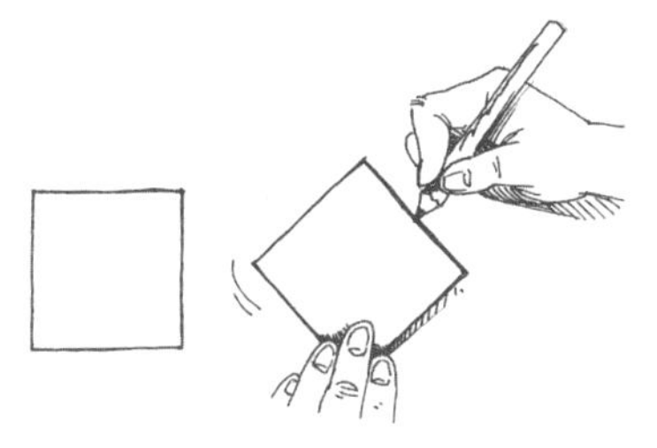

「它讓我想到雙胞胎的那兩人，因爲這兩個正方形是一樣的！」

「對，沒錯，是一樣的！不過在數學上會稱這兩個正方形爲全等，也就表示這兩個正方形能夠重疊在一起，事實上數學家比較在乎的是這兩個圖形的形狀及面積是一樣的，而至於它們是否塗上一樣的顏色也就沒那麼重要了，所以稱它們爲全等會比說它們一樣來得恰當。接著，我們把這正方形的紙板平平的拿到燈下，看看它在桌上形成的影子，你發現了什麼？」

「嗯…… 還是個正方形，不過比較大！」

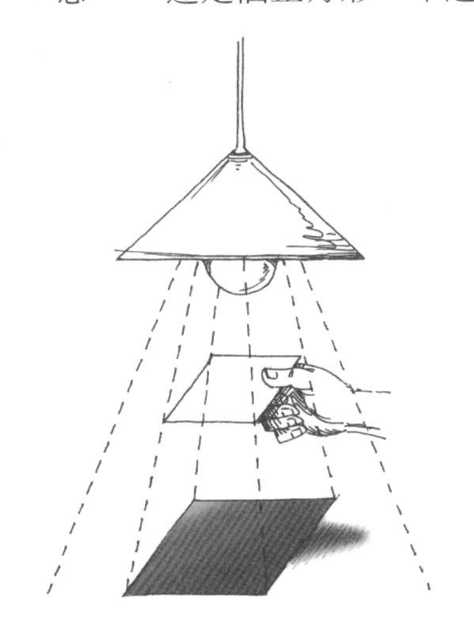

「那這兩個正方形又讓你想到照片上的哪兩個人呢？」

「像是一對兄弟，就像馬克跟強尼或是馬克跟裘力歐一樣。它們兩個非常相像，只是一個比較大。」

「你說的沒錯。數學上稱這兩個圖形爲相似。從小的正方形變成較大的正方形，這當中兩個的形狀維持一樣，只是尺寸變了，兩對平形的邊依舊平形，四個直角也依然是直角。

「形狀維持一樣是很重要的，就像地圖上的義大利，雖然被縮小了，可是形狀還是跟我們原來的亞平寧半島長得一樣的。」

「嗯，這個我知道，老師有教我們用地圖下方寫的那些數字來算實際上兩地的距離。」

「那些數字其實就是比例尺。我舉個例子，如果比例是1:1000000，就表示地圖上的一公分換算成實際距離是一百萬公分。」

「所以，一百萬公分就是…… 爺爺，是多少公里啊？」

「是10公里，所以一公分就代表是10公里，而且這個比例尺適用於這地圖上的任何一個部分。」

「爺爺，可是讓埃及人大吃一驚的泰勒斯不是用兩個相似三角形來測量金字塔的高度嗎？他是怎麼說的？『測量金字塔影子的長度，你們就可以確定金字塔的高度跟它的影子是一樣長。』他是這樣說的，對不對？」

「對，他是等到竿子的影子長度跟竿子一樣長的時候，就

很有自信的說金字塔的影長就跟金字塔本身的高度一樣。親愛的菲洛，兩個相似的三角形可以用來測量很多東西，像是太陽的直徑，或是兩個星星之間的距離。我們還是回到正方形的話題上，這次我們把正方形的紙板貼在窗戶的玻璃上，當明亮的陽光照射過來後，你有看到紙板的影子有什麼變化嗎？正方形變成了平行四邊形，雖然四個角已經不是直角了，不過它的邊長依然是兩對平行線。

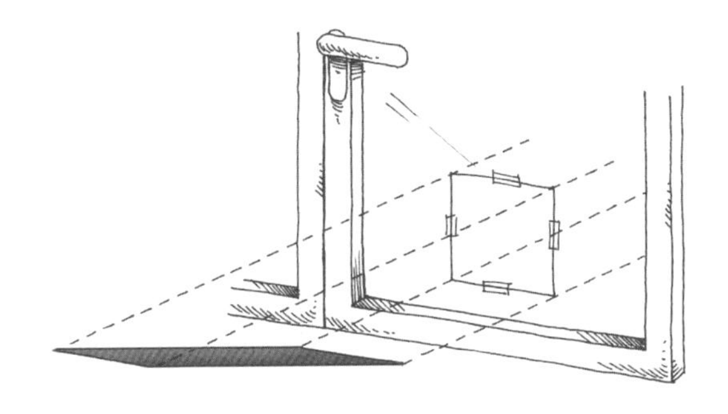

一天裡影子的形狀會不停的改變，可是它的邊還是會保持平行。」

「也就是說，爺爺，正方形跟它的影子有像，但是沒這麼像。這次讓我想到馬克跟他的堂弟安德烈，兩人有像，但又不是很像。」

「對，是這樣的，他們只有一些地方相像，就像正方形和平行四邊形的關係一樣，在數學上稱這兩個圖形為仿射，總之就像是有親戚關係一樣。結論就是，從一個圖形轉變到它的仿射圖形之後，角度不再是原本的角度，可是邊會保持平行。」

「爺爺，那現在照片中只剩我跟馬克之間的關係還沒提到。我想看看是什麼圖形跟正方形有這樣的關連。」

「你去房間把手電筒拿來，我會讓你看到很棒的相似性的。」

「遵命，長官。你看我動作很快吧！一眨眼就拿來了。」

「很好，現在把百葉窗關起來，把手電筒打開並照向正方形紙板，看這邊，手電筒的光跟太陽的平行光不一樣，它會改變影子形狀，事實上現在正方形紙板的影子就變成了一個梯形，一個只剩一對平行邊的形狀。如果是把紙板放在玻璃上，形成的影子還有兩對平行邊，也就是說，我們失去了保持平行的條件，我們唯一能夠確認，就是我們的正方形變成了一個有四個邊的一般圖形。總之就是直線段依舊是直線段，沒有其他

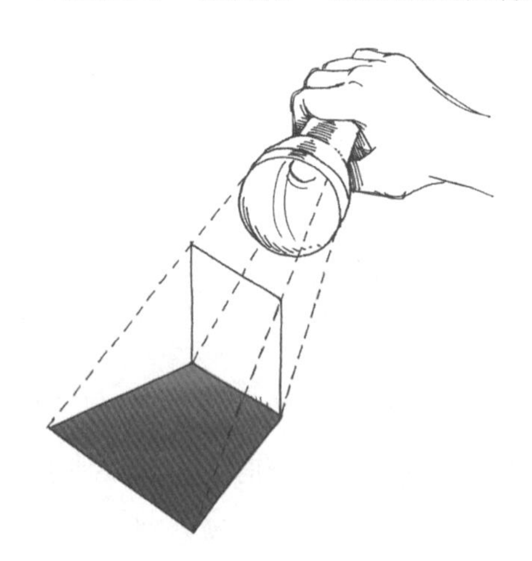

的相似關係了。好啦，可愛的孫子，雖然相像的地方很少，但還是有共同的地方，就像你跟馬克一樣，你們是朋友，有一些共同的興趣。連接這兩個形狀的關連是很重要的，你有聽過透視嗎？」

「有啊，畫畫的時候會用到透視！我們跟葛拉茲老師一起去博物館的時候，有看到一些畫家他們絞盡腦汁就是想要把街道、房子、地板等等的東西畫得跟眼前看到的一樣！」

「後來他們也眞的做到了。文藝復興時期的畫家發現了一些精確的幾何規律，可以把眼睛所看到的立體三維空間的形象表現在二維平面的畫布上，照片也是這麼一回事。你有看到地板上的正方形嗎？在透視的畫法下，這些正方形會變成梯形的，這樣可以讓人有距離、深度的感覺。」

「爺爺，我很喜歡古埃及人，可是他們就完全不知道透視法了，你有看到他們都怎麼畫畫的嗎？」

「沒錯，透視法很重要的，而要運用透視法來呈現眞實還需要遵循一定的規律，必須要學習射影幾何。你知道嗎？就連現在那些用電腦做出許多特別又美麗的電影特效，也是要遵循射影幾何的法則。要是沒有射影幾何的話，有的電動玩具也不會存在了，這樣有些父母應該會很高興。」

「可是小孩子會傷心的，爺爺你應該試試看，駕駛太空船眞的很好玩。」

「我相信，那些電動很好玩！不過可憐的父母們擔心的是涉及暴力的電玩，那些遊戲太過血腥寫實了，可能會讓玩家與現實生活中的暴力搞混。不過就其他方面來看，虛擬實境是很有用的，像是用在物理實驗上，或是工程師和建築師所使用的軟體，還有虛擬實境也可以讓飛機駕駛員增加更多的飛行經驗。總而言之，親愛的菲洛……」

「總而言之，爺爺，你不用太擔心，我想學好射影幾何學，是要拍一部有很多驚奇特效的電影！我已經想到很多好題材了！你想想，如果我跟馬克知道我想要拍一部主角穿梭到四次元世界的電影的話，他會有多吃驚？」

Chapter 10

正方形先生的空間觀

「今天馬克一進教室就被罵了，不過在快要下課的時候，老師卻跟他道謝。」

「他做了什麼特別的事情讓老師的態度有這麼大的轉變？」

「他闖了一個禍，不過也算是做對了一件事。昨天輪到他做掃除工作，不過他忘了把洗畫筆的玻璃罐裡的水倒掉，還把它留在窗戶外面，結果今天早上我們發現水結冰了，玻璃也破了。」

「這我相信，因爲晚上氣溫會降到零度以下！可是我不明白這算做對了什麼事。」

「爺爺，你知道結冰的水的體積會變大嗎？這不只會讓玻璃破掉，還讓地球上的生物得以繁衍下去。葛拉茲老師跟我們說這件事的時候，我超驚訝的，這也就是爲什麼老師要跟馬克說謝謝的原因，因爲要不是馬克犯了這個錯，老師也不會想到要跟我們說這個。」

「沒錯，這跟一個非常重要的自然現象有關，所有的物質

都會因爲溫度的上升使得體積變大，相對的，當溫度下降，體積也就跟這變小。溫度計就是利用物質的這種特性，當體溫計接觸到身體的熱度，體溫計裡的水銀就會膨脹並沿著管子上升，標示出體溫。

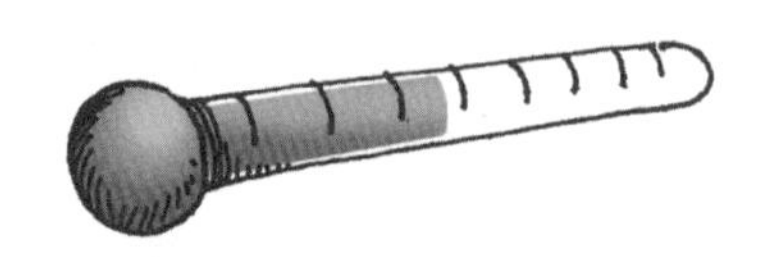

「或是看看高架橋，它的水泥橋面就設計的讓它因氣溫而熱脹冷縮時，可以在橋墩上些微移動，如果沒有這種設計的話，橋梁的穩固性就會被破壞掉。」

「是眞的，爺爺，每次我們從高架橋經過的時候，我都會聽到喀啦喀啦的聲音，每一個聲響都表示我們正從橋面上的接縫經過。」

「通常水也是依循這樣的規則，當水溫升高的時候，體積會增加，反之就減少，不過也有完全相反的情況喔！那就是當水溫是介在4到0之間時，這時候隨著水溫的下降，水的體積不減反增。其實，這是爲了形成美麗的冰晶體，水分子必須一個接一個的排列整齊，這就比水分子可以自由活動的時候要占更大的空間。也就是因爲這個原因，冰塊變得比較輕，會浮在水面上，而浮在水面上的這層冰就像一個蓋子一樣，讓冰下面的水不會變冷也不會結凍。」

「爺爺你想想看！如果水都結凍的話，那所有的魚都會死掉，所有的水草和貝殼也會死掉，還有浮游生物也是……」

「你想想看，菲洛，要不是因爲水有這麼奇怪的特性，生物就無法在海洋裡生存，而因爲所有陸地上的和天空上的生物都是由海洋中的生物演變過來的，那這樣地球上就不可能會有生物存在了。」

「嗚…… 幸好我們撐過來了！雖然我不喜歡洗澡，可是我非常喜歡水。」

「很好，水是應該要被尊敬的！」

「不過，爺爺，體積也盡了它的本分。可是，體積究竟是什麼東西啊？」

「我的菲洛，你都問很不容易回答的問題耶！看來你眞的很想要當個科學家！體積是什麼？體積就是一個物體它在空間中所占的量，這就叫做體積。」

「那所有的東西都有體積囉！就連一粒沙和一根頭髮也有，不然的話，就是幽靈了。」

「當然啊！如果沙和頭髮沒有體積的話，就不會有沙灘，也不會像你一樣有一頭漂亮的頭髮了。即便是一張紙也有體積，雖然在空間中所占的量非常小。」

「我知道一張紙的體積是多少，你知道我是怎麼算出來的嗎？是馬克想到要怎麼算的，我們拿了一本有100頁的書，它的高大概是一公分，所以一頁就是十分之一毫米。我們很聰明吧？」

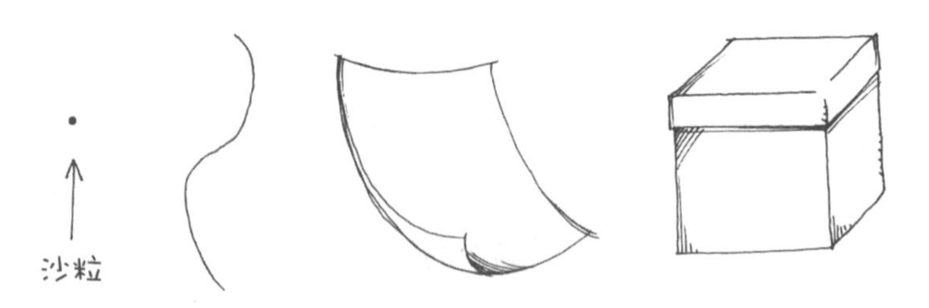

「棒極了！你們成功的解決了一個難題！不過爲了不讓生活被這些難題所困擾，我們傾向於把一粒沙當作它沒有長度、沒有寬度，也沒有高度，而頭髮只當作它有長度，紙張就當作它有長度跟寬度。不過很明顯的你這漂亮的玩具箱是沒辦法缺少這三個維度。

「仔細聽好了，那些古代的幾何學家，像是歐幾里德，在研究他們身邊所有的物體的時候，將所有的東西做了一個簡單

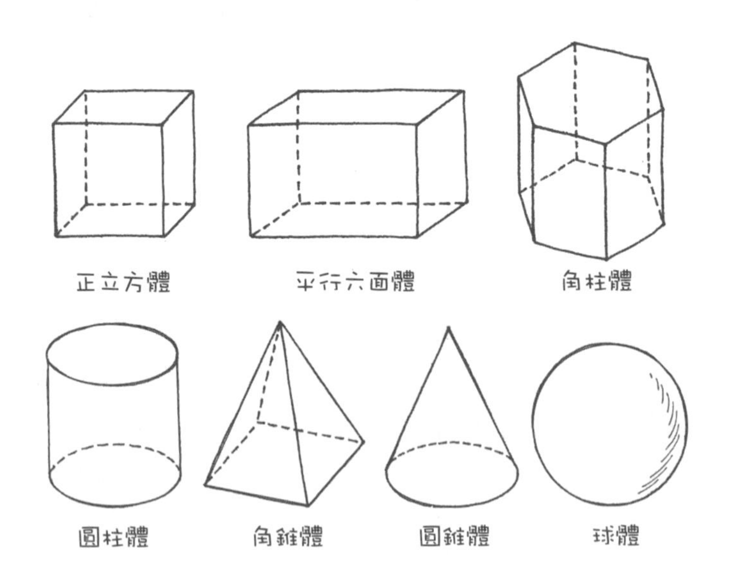

的歸類。他們把物體分成三類，一維是線，只有長度；二維是平面，由長度跟寬度形成面積；三維就是二維加上高度形成體積面。當然，他們在學習體積之前，要先學習形狀，並替各個形狀命名。最重要的幾個相信你也認識，那就是正立方體、平行六面體、角柱體、圓柱體、角錐體、圓錐體和球體等等。」

「對，這些我都認識。不過我最喜歡的是圓錐體，尤其是拿來裝冰淇淋的那個，還有球體，尤其是可以跟朋友們在足球場上一起玩的那個。說真的，爺爺，你沒料到其實我早就想好答案了吧！」

「狡猾的小鬼！不過你忘了遊戲中最重要的角色，骰子！它的歷史可是最悠久的。古時候的人不需要製作骰子，他們直接把山羊腳上的距骨拿來用，因爲距骨本身就是骰子的形狀。有個神話故事說，天神宙斯、海神波塞冬、還有冥神哈底斯三個人所管轄的區域就是用骰子分配的。然後啊，骰子是正立方體，是正方形先生的『胖』親戚！我們可以把它想成是正方形征服了三度空間。還有一件很重要的事，就是像正方形是被用來計算平面面積的單位一樣，正立方體是被用來計算立體體積的單位。比方說，如果我們要算你這盒子的體積是多少的話，我們單位可以用立方公分，也就是以每邊長爲一公分的小正立方體來算。

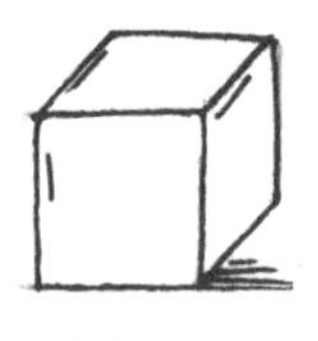

立方公分

「然後我們用這些小正立方體把盒子塡滿，這樣只要知道有多少個小正立方體，我們就可以知道這個盒子的體積是多少了。」

「可是誰能給我們這麼多個小正立方體啊？就算我們自己有好了，這樣要花多少時間去算它啊？爺爺你總是把事情搞得很困難。」

「不，你不用擔心，歐幾里德會幫我們省事的，他會給我們一個算體積的捷徑公式，只要再測量出盒子的長、寬和高，這樣只要把這三個長度代入公式計算，我們就可以算出這個盒子的體積啦！」

體積＝長×寬×高

「等等，爺爺，讓我算！給我尺，我來量盒子的長度。

10 × 20 × 30 = 6000 立方公分

「我們本來可是要用六千個小正立方體才有辦法把盒子填滿！我沒想到用公式會這麼省事耶！」

「是啊，公式是個好幫手。算正立方體體積的公式你知道嗎？」

「邊長×邊長×邊長！算正立方體的體積很簡單。」

「簡單？親愛的，這我可不敢保證了！有個跟正立方體有關的問題，在經過了好幾個世紀的努力之後，還是無法解決。」

「無法解決？愛因斯坦有試過嗎？應該要叫他來試試看的！他這麼聰明。」

「這不是聰明才智的問題！不對，應該說要有相當的聰明才智才能夠證明問題是沒有解答的，雖然問題常常看起來很簡單！你來試試看，你能把一個正立方體分割成好幾個小正立方體之後，再把它們組成另外兩個正立方體嗎？」

「這很簡單的，爺爺！我可用樂高玩具來試！」

「對，聽起來很簡單！但事實上，如果我們把空間換成平面來想的話，那就是把正立方體想成正方形，而這個問題畢達哥拉斯已經幫我們解決。舉例子來說，一個邊長爲5的正方形，可以分成25個小正方形，而這25個小正方形可以排成兩個邊長分別爲3和4的正方形。算算看！這兩個正方形裡的小正方形總和一樣是25個。

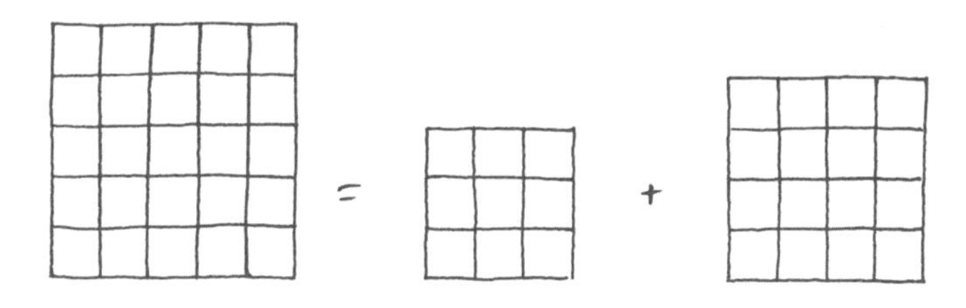

「其實就是：

$$5^2 = 3^2 + 4^2$$

「不過要注意，因爲不是所有的正方形都可以這樣做！不過，可以這樣分成兩個的正方形也是多到數不清的。現在，如果我們把這三個正方形變成正立方體的話，這些數字就兜不起來了！的確，因爲體積比較大，5^3就是125，這數字跟另外兩個正立方體的體積3^3也就是27，和4^3也就是64這兩個數字的總和不相符。就算我們拿別的數字來試，結果也是失敗的。」

「就算用計算機幫忙算也是一樣嗎？」

「對，這個方法也是沒用的，並不存在三個整數a、b、c可以滿足下面這個算式。」

$$a^3 = b^3 + c^3$$

「我要把這件事跟葛拉茲老師說，搞不好她會叫班上的同學們一起找答案。」

「親愛的菲洛，我很高興你想找答案的意願，雖然我很不想洩你的氣，可是你要知道這個難題，看起來好像是個很稀鬆平常的數學問題，不過經過了將近三個多世紀，有許許多多聰明的數學家都試著想要找出答案，最後的結論就是，如果有個正立方體，那它就是長這樣子了，是沒有辦法把它分成兩個較小的正立方體。我還要跟你說個很扣人心弦的故事，是個有關身處不同時空的兩人的故事，若是這兩個人彼此相遇了，肯定會把自己關在房裡，與世隔絕，每一天、每一刻都在討論數學。第一位是個十七世紀的法國人，他是一位地方執政官，但對數學極為感興趣，他花許多時間研讀數學書籍，也花很多心思證明跟數字有關的題目。當他在閱讀一本名為《算術》的書時，讓他想到跟我們這個正立方體一樣的問題，他想到一個方法，花了一點時間去證明，當然是用紙跟筆做計算的，最後他下了一個結論，那就是沒有辦法將一個正立方體分割成兩個較小的正立方體。就像胃口是越吃越大一樣，就在這時候，他對這個式子越感興趣，他決定要試試看更困難的式子，他問自己：『如果相同的式子，不過把指數從3變成4，或是任何一個數 n，那情況會是怎樣呢？』」

$$a^n = b^n + c^n$$

「可是，爺爺，要是把指數從3變成4，算是哪一種體積

啊？像是什麼意思？世上又沒有物體是有四個維度的！」

「沒錯，你可以感到憤怒，我欠你一個解釋，要是把指數從3變成4，或是任何一個更大的整數，就不能再當成是跟體積有關的問題了，而要把它當成其他的狀況。比方說，2^4可以是我們要算樹的樹枝有幾根的算式，而這棵樹每個季節都會長一倍的樹枝出來，那經過了四個季節之後，它的樹枝會有幾根呢？答案就是2×2×2×2，也就是2^4，16根。」

「我懂了，總之除了分正立方體之外，也是要割一下樹的。」

「沒錯，人類總是想要支配些什麼。他就開始計算、證明，結果卻發現a、b、c這三個數是不可能存在的，然後他就在書的邊緣空白處寫下：『我發現了一個非常漂亮的證明，但是書的空白處沒有足夠的空間可以讓我寫下這個証明。』這個看似無心的筆記，就好像寫在一本沒有人會再去翻看的書上一樣，不過這個句子卻變成了好幾個世紀的數學家的心頭大患，讓他們徒勞無功卻失眠又花上許多時間只想要證明這個看似像小孩程度的問題。你要知道這故事的主角皮埃爾·德·費馬先生眞正的職業是個地方執政官，所以他並不需要跟任何人解釋他在數學上的發現，也不必把它變成課堂上的教材，或是出版發表他的發現好參加數學競賽。

「就像古時候的哲學家一樣，費馬並不打算從數學那得到什麼好處，他只是單純的喜歡數學，喜歡提出問題和解決難題，也喜歡用邏輯推理證明那些當初只靠直覺就可以認定的定理，我們則說，他想要讓那些眞正專精在數學上的人羨慕他的能力！」

「可是我覺得他是個很討喜的人。」

「事實是，要不是他兒子，我們也不會知道費馬在數學上的這些成就。其實，在費馬過世之後，他兒子將《算術》加上費馬的48個註解之後重新出版，而每一個註解都是一個定理。漸漸地隨著時間的過去，有47個定裡都被後來的數學家證明出來了，不過那最後一個，依舊沒有人可以證明當這個算術的次方高於二爲無解，因此變成世界聞名的『費馬最後定理』。」

「爺爺，你不要停下來啊！我還想聽另一個人的故事！」

「三百年之後的一九六三年，有個十歲的小男孩。」

「跟我一樣是十歲！」

「對，他跟你一樣有個頑固的腦袋，他是英國人，喜歡猜謎、解題還有跟數學有關的玩具，他常常到他家附近的圖書館看書，也就是在那邊他遇見了他生命中非常重要的一本書，一本論述費馬最後定理的書。當時還小的他覺得這麼簡單的一個問題怎麼可能到現在還沒有人可以正確的說出那是對的還是錯的，他跟他的老師提到了這個定理，才發現這個問題其實很嚴肅，許多聰明過人的數學家都試著去證明，有些花了一輩子的時間去證明，甚至有一位數學家因此自殺了，還有人提出高額的獎金給能夠解決此一難題的人，不過只有當指數為3時的式子被證明出來而已，其他的例子還是無人能解。這小男孩名叫安德魯．懷爾斯，就這樣遇上了讓他花大半輩子時間去實現的夢想，其實從那一天起，費馬最後定理就一直陪伴著他成長，數學系畢業之後，他搬到美國並在大學裡教授數學，就像腦子裡消不去的結一樣，他持續不停地研究先前人們試圖證明的過程。有八年與世隔絕的時間他秘密地進行解題工程，當他開心地認為自己已經證明出這個定理之後，卻發現證明裡出現了令人沮喪的錯誤，讓他感到非常的失望，可是他依然不放棄解題的念頭。一九九四年安德魯．懷爾斯發表了兩百頁的證明過程，內容艱深，世界上只有少數人有能力看懂，他將證明過程修正並更加簡潔，成功的證明了$a^n=b^n+c^n$，當n大於2時，此式沒有整數解。六個評審費時數月的審查結果確認證明正確無誤。整個科學界爲之震驚，所有的研討會都在談論安德魯．懷爾斯，就連不是研究這方面的學者也對他很感興趣。一九九六年安德魯．懷爾斯高興的領取了五萬美金的獎賞，不過誰知道他會付出多少只爲了可以跟費馬親自見上一面，和他討論自己的證明，也會希望知道費馬當初是怎麼證明的。親愛的菲洛，要是費馬當初不是虛張聲勢的話，這式子的肯定是另一種方法證明出來的，而不像懷爾斯一樣用這幾個世紀才發現的數學成果來證明。總之，費馬的證明過程到現在還是個不解之謎！」

「好棒的故事喔，爺爺！可是你確定其他47個定理都被證明出來了嗎？」

「是啊，親愛的菲洛，都證明出來了。不過，如果你也想要做點事的話，還有很多其他的問題等著像你這樣又聰明又有熱情的年輕人去解決！」

「快點告訴我啊，爺爺，不過要簡單一點的喔！」

「嗯…… 要找到一個簡單一點的可不容易。你先告訴我，你知道什麼是質數嗎？」

「我當然知道，除了1和此整數的自身外，沒法被其他自然數整除的數就是質數，像5、7、11這些都是質數。」

「眞厲害！那你知道每一個偶數都是兩個質數的總和嗎？這就是一個需要證明的題目啦！」

「等等，讓我試試，6＝3＋3，10＝3＋7，16＝5＋11，這哪裡困難啊？只要算一算就好了。」

「難就難在題目裡說的是每一個，可不是只要找幾個出來算算就好了，而是眞的要每一個偶數全都符合這個命題！而偶數可是有無限多個。」

「嗯…… 懷爾斯花了幾年的時間？還好我還小，還有很多時間可以證明。」

Chapter 11

橘子與企鵝

「小心啊！爺爺，你沒看到它要倒了嗎？」

「噢不！我沒看到。我的天啊，我繞個路好了！我可不想闖禍。那是什麼東西啊？」

「是香水，我在超市買的，要當媽媽的生日禮物。現在我要來寫一張令人感動的小卡片，幾句話就好，可是我不知道要寫什麼。馬克和那對雙胞胎合送他們的媽媽一張躺椅，這樣可以偶爾休息一下。你喜歡這罐香水嗎？很高雅對不對？」

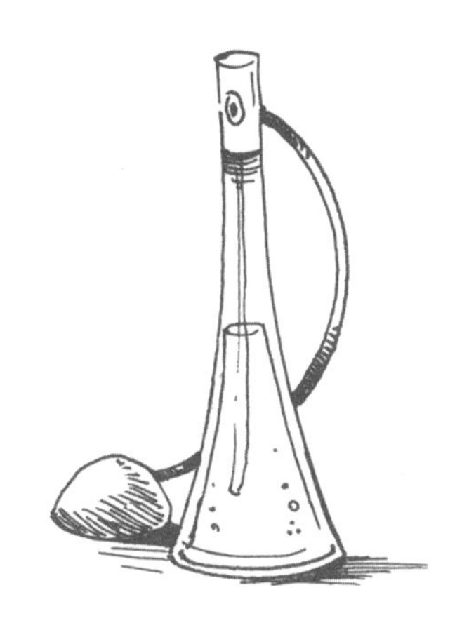

「對，瓶身很纖細、典雅。」

「是紫羅蘭花味的香水。你會覺得這太小瓶嗎？這可是花了我所有的零用錢買的。」

「不會，不會很小瓶啊！而且這瓶子就是設計的看起來很大的樣子。」

「我不懂，爺爺，那這樣到底是小還是大啊？」

「內容量很小，可是外觀看起來很大。就像每個用來裝昂貴液體的瓶子一樣。你有看過那些昂貴酒類的瓶子嗎？每一個瓶身都是細細長長的。相對的，你有看過裝豆子或是油漆的罐子嗎？它們都長怎樣呢？有細細長長的嗎？」

「沒有！那些罐子都是矮矮寬寬的。」

「沒錯。這都是因爲容量的關係，親愛的菲洛！你來這邊，給我一張紙，我要你來猜猜看，跟我說，如果我要做一個容量大的圓桶的話，紙應該要怎麼捲？用長的那邊，還是寬的那邊？」

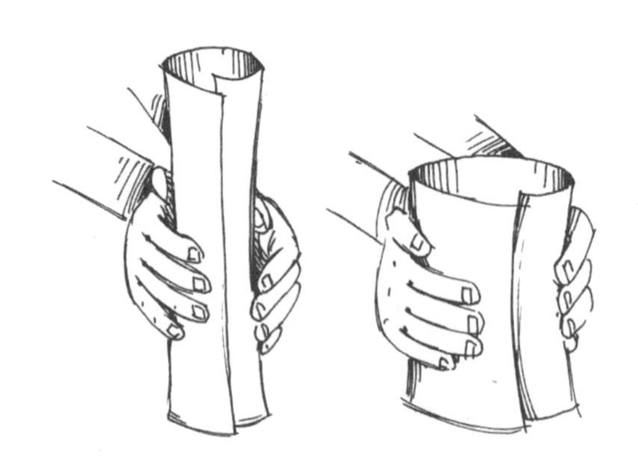

「我覺得都一樣，因爲還是同一張紙啊。」

「你確定嗎？我可不這麼認爲，我覺得不一樣。我們應該怎麼捲？」

「我不知道，我們可以都試試看。可以把它用個什麼東西裝滿，然後再看看哪一種裝的比較多。」

「你眞的很可愛，都不會放棄。這是一個很科學的驗證方法！很好，那我們就這樣做，我們拿兩張一樣大的紙，一個用長的那一邊捲起來，一個用寬的那一邊捲起來，然後用膠帶固定，現在你去把磅秤拿來。」

「好，我懂了。你知道我要怎麼做嗎？我要把它放在磅秤的盤子上面，然後把它用什麼塡滿呢？嗯……有了！用砂糖！然後再看看哪個比較重。」

「倒慢一點！小心一點，菲洛，慢慢來，不然要是你把砂糖倒得滿地都是，我們又要挨罵了！」

「好奇怪，爺爺，它們不一樣重耶，寬的那個比較重！」

「親愛的菲洛，你可不是唯一會爲此感到驚訝的人。你知道嗎？這事從很久以前就是個問題，從前是跟裝小麥或是其他穀物的袋子有關的問題。這些袋子的底部是一塊圓形的木頭，在這塊木頭的外圍釘上一塊方形的布就變成一個袋子，而這塊布在那時候通常都是用手工織成的，就像其他手工製品一樣，可都是很辛苦製作出來的！這時問題就來啦！這布應該要怎麼擺呢？直的擺還是橫的擺？」

「橫的擺！我剛剛已經用磅秤試過了。我很厲害對不對，爺爺？」

「棒極了！我相信你很快就會用一些公式做邏輯性的證明。現在你跟我來，我們去拿那罐天藍色的油漆，來幫你的書桌補一下油漆，你會發現一件非常有趣的事。」

「爺爺，只有一點點掉漆，不用補啦，我有很小心地不去踢到桌腳。」

「補了之後你的桌子會變得更漂亮，快點，拿尺量一下這個罐子的高度。」

「嗯…… 這罐子高12公分。」

「我跟你打賭，這罐子底部的直徑肯定也是12公分。你量一下吧！」

「等等喔…… 這樣是直徑。眞的耶，直徑就是12公分耶！不過你沒贏到什麼東西，因爲我們沒有說好要賭什麼。可是爲什麼你可以這麼肯定？」

「親愛的菲洛，因爲要賣一桶一公升裝的油漆並不需要搞一些包裝上的小把戲來吸引消費者購買，只要想著怎樣可以少用一點製作罐子的原料啊！而在表面積相同的條件下，高度和桶底直徑等長就會有最大體積的圓柱體。這種圓柱體就叫做等邊圓柱體。」

「好呆的名字。爺爺，那我們可以宣布等邊圓柱體是容積項目的冠軍。」

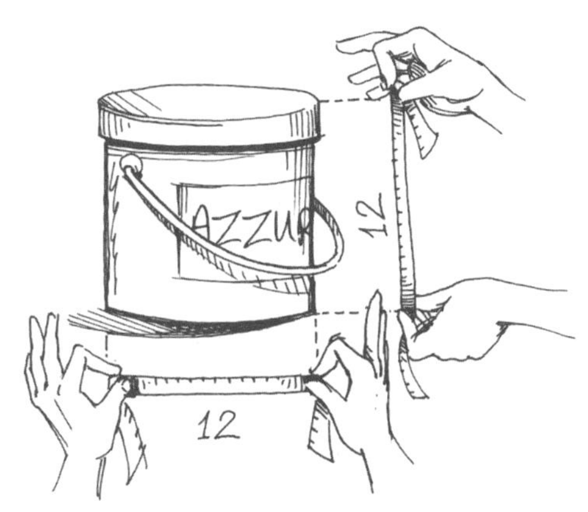

「等等，獎是不可以隨便頒發的！在容積這一個項目，等邊圓柱體可是只贏過了其他的圓柱體而已。親愛的菲洛，體積的冠軍，當然是在表面積相同的前提下，絕對是美麗的球體勇奪后冠。就像在平面裡，圓形是面積的國王，而在空間裡，球體可是體積的皇后！你看這顆橘子有多完美啊！

「小小的圓球盒子裡有滿滿的美味果汁。這可是不能亂開玩笑的，因為大自然可是很環保不浪費包裝的！」

「我超喜歡吃橘子的！可是我也很喜歡櫻桃、葡萄還有西瓜等等的。」

「注意到了嗎？每一個的形狀都是球體！那肥皂泡泡呢？肥皂泡泡也小小的圓球外皮裡包著滿滿的空氣。你知道動物也會利用球體的優點嗎？有沒有想到企鵝啊？

「尤其是快到冬天的時候，每隻小企鵝都會盡可能的儲存脂肪，所以每個看起來都像是黑白相間的皮球。像牠們這樣，因為球狀有最小的表面積的優點可以讓牠們不會過度地暴露在極地的冰冷寒風之中，在孵蛋的期間，這樣的體型有助於牠們在嚴寒的環境下生存。還有另外一件事，因為牠們的生命中有很長一段時間會待在水裡，所以體型並不是眞正的圓球型，而變得比較流線的錐形。」

「對，牠們在海洋中游泳的時候非常漂亮，而且還會快速地在海浪之中穿梭，就像魚兒一般。」

「說到海，你有看到昨天電視上播的紀錄影片中，那些試著躲避掠食者的鯷魚嗎？記不記得牠們在一瞬間就聚成一團，形狀像顆球一樣？其實原因都是一樣的。」

「爺爺，我早就知道了！就像綿羊一樣。牠們是爲了減少會暴露在掠食者大白鯊威脅之下的鯷魚數目。」

「沒錯，一方面來說，牠們是想要嚇唬掠食者，讓牠認爲鯷魚群是一個巨大的生物，另一方面，牠們就跟綿羊群一樣，爲了減少在較危險的外圍的魚數量，所以就選擇了群聚成球的形狀。」

「可是，爺爺，你有看到嗎？企鵝們也緊緊的靠在一起形成一個圓，就像綿羊一樣，不過牠們聚在一起是爲了取暖。還有，你覺不覺得牠們對別人都很體貼，會輪流站在最外圍。」

「沒錯，不管是爲了什麼目的，每一個都遵守了幾何學的定律。你也是啊！當天氣很冷的時候，你也會像顆球似的在棉被裡整個縮成一團。你這麼做是爲了減少與冷空氣接觸的地方，也可以保持身體的熱度不容易流失。」

「嗯…… 這我倒是沒有想過！當我縮在棉被裡的時候，我都覺得自己變成了一隻小貓，爺爺你呢？你覺得自己變成了什麼？」

「不知道，可能是雞蛋裡還沒孵化的小雞。」

「拜託，爺爺，再跟我說說別的事。」

「還有什麼事可以告訴你呢？我可以跟你說連植物也會利用球體的優點，像有些多肉植物的形狀多半會呈球形，較小的表面積可以減少水分的蒸發，也比較耐寒。上一次我去爬山的時候，有看到一種石蓮花，在海拔高度將近2000公尺的地方生長，圓圓的體型當然就是爲了要抵抗高山上的低溫氣候。」

「可是，爺爺，你想想看，球體跟圓形一樣有個缺點，就是它們之間不能靠得很近。」

「這是眞的！那些水果攤販都知道這件事！你知不知道他們要花多少心力才能把橘子堆疊成很漂亮的形狀？其實橘子不是生來要在市場上當擺飾的！而是爲了在樹上成熟落地之後，會滾離其他的橘子並長出新的橘子樹。你知道嗎？要怎麼擺放橘子可是一個很久遠又重要的問題。事實上這問題是有關當時的人們要將大炮的炮彈存放在船上或是軍火庫裡。」

「快跟我說，爺爺，我對這個很有興趣！我用樂高做成的帆船裡有六座大炮。」

「十七世紀裡被視爲偉大數學家的約翰內斯．克卜勒，就是會製出行星軌道的那個人。當時克卜勒提出的建議就跟現在

的水果攤販所堆疊的方法一樣，他將第一層的橘子排成三角形的形狀，然後他在橘子之間的空隙上堆疊出第二層較小的三角形，就這樣將橘子繼續往上堆直到最頂層只剩下一排的橘子，這是最有效利用空間堆疊圓型物體的方法。最近有個人替這個方法寫了一個證明，可是這個證明太長了，所以還沒被檢查出是否正確。」

「我想要疊疊看，爺爺。我們買一箱橘子回家好不好？」

「這主意不錯，而且等你疊完了之後，我們還可以搾兩杯富含維他命又好喝的果汁來喝喝。就這麼決定啦！」

Chapter 12

天才的弱點

「嗨，爺爺，你在做什麼？」

「嗨，菲洛，我正在修這個舊木盒，你媽媽很喜歡這個盒子。我想要在她下班之後發現這盒子修好了。你呢？今天早上爲數學作業唸的咒語有用嗎？」

「有啊，非常有用，一題都沒錯。可是咒語只對作業有用，改完作業之後，我被馬克的問題搞得覺得自己是個笨蛋。他劈頭就問我：『一公斤的鐵和一公斤的稻草哪個比較重？』」

「然後你想都沒想就說：『一公斤的鐵。』」

「我好蠢啊！我一說完就後悔了，可是馬克已經笑到不行了！」

「這種事是有可能發生的。一開始你就被問題搞混了，你以為是在相同體積的條件下，鐵會比稻草重，對不對？其實，在相同體積的條件下，每一種物質都有特定的重量，這就叫做比重。」

「就是這樣，雖然我不知道該怎麼解釋，不過我那時是這麼想的。」

「比重是一種很棒的概念，它會幫你揪出欺瞞者！因為比重會幫你認出物質眞正的自然特性。比重第一次被用在實驗上就是拿來測試海維隆國王的那位不老實的金匠。」

「海維隆？那位敘拉古的國王嗎？」

「正是他，阿基米德是他的國民。你想要聽聽這個故事嗎？」

「要，告訴我，連細節都要說，搞不好哪天我派得上用場。」

「故事是這樣的：海維隆其實是個很好的人，他一直希望

能有個很漂亮的皇冠，可是他覺得宮廷裡的那位金匠不老實，做了一個『假的』皇冠給他，他覺得那個皇冠不是純金的，而是參雜了別的金屬。不過當時沒有方法可以證明他的懷疑是不是眞的。該怎麼辦呢？如果是你的話，你會去詢問誰呢？」

「你問我啊？沒人比阿基米德更厲害啦！」

「阿基米德說：『我先替皇冠秤重，再拿一塊一樣重量的純金塊，如果皇冠也是純金做的話，那它應該會跟這塊金塊有一樣的體積，因爲同樣的物質，同樣的重量，會有相同的體積。』你也這麼認爲嗎？」

「當然我也是這麼認爲的，可是他要怎麼計算皇冠的體積啊？形狀不規則又有很多雕飾，根本沒有公式可以計算啊！」

「但他可是阿基米德啊！他把皇冠放進一個裝了水的容器……」

「我知道了！然後他計算水上升了多少刻度！眞是個天才！」

「對，原則上他是可以這樣做，不過皇冠與金塊用這種方法量出來的體積很接近，並沒有辦法凸顯其中的差異性。事實上，阿基米德用懸吊式等臂天平，兩邊個別放上皇冠跟金塊，因為兩個物體一樣重，很理所當然的天平是呈現平衡的狀態。

「接著他將兩個物體像這樣放進裝有水的容器裡。發生了什麼事呢？放著皇冠的那邊卻往上提了。

這就表示皇冠排開的水量比金塊排開的水量來多。其實當一個物體浸泡在液體裡時，這個物體會接受到一個由下往上的作用力，而這個作用力就等於被排開的液體的重量。這就是阿基米德最著名的浮力理論！」

「我知道這個理論！當時他是在浴缸裡，當他發現浮力的時候，想都沒想的就從浴缸裡跑出來，全身赤裸的邊跑邊喊『尤里卡！尤里卡！』也就是『我發現了！我發現了！』的意思，其他的人看到都笑了！葛拉茲老師有跟我們說過這個故

事！」

「所以，親愛的菲洛，因爲這個測驗證明了皇冠跟金塊的體積並不相同，阿基米德就宣布這個皇冠裡一定是用非純金的材質做成的。」

「那位金匠肯定會被抓去關，他活該。阿基米德跟愛因斯坦哪一個比較聰明呢？我已經有愛因斯坦的海報了。這個把東西浸泡到水裡來計算體積的方法我很喜歡，這樣我在浴缸裡的時候，就可以知道自己的體積是多少了！」

「對，不過很可惜的不是所有的東西都可以用這種方法計算體積。也就是因爲這樣阿基米德就致力於找出各種物體體積的計算公式，像是圓柱體、圓錐體，還有球體等等。」

「我只會算正立方體跟平行六面體的體積。」

「圓柱體的體積很容易算，跟平行六面體的算法很像，就是底面積乘以高。只要把這個圓柱形的桶子用水裝滿就好了，你看看水是怎麼做的。

「它先在底部形成一層圓形的水體，然後再一層，再往上另一層，直到塡滿整個高度。總之就是好幾層跟底部一樣的面積，再乘上它的高度，然後因爲你已經知道圓的面積是πr^2，那高度是h的圓柱體體積就是：

$$\text{圓柱體體積} = \pi r^2 h$$

「那如果是等邊圓柱體的話，高度就是兩倍的半徑，體積公式就會變成：

$$\text{等邊圓柱體體積} = \pi r^2 2r$$

$$\text{也就是體積} = 2\pi r^3$$

「嗯……並不會很難嘛！只要把半徑乘上自己三次，然後再乘上2跟π。」

「親愛的菲洛，現在精彩的來了！此時阿基米德有了給他最大成就感的發現。靠一點直覺、一些試驗還有溢出的水，他發現在等邊圓柱體裡放置一個跟它有相同半徑的球體，此球體會占圓柱體體積的三分之二！

聽懂了嗎？這表示他知道怎麼計算球體的體積了！只要把等邊圓柱體的體積乘上。」像這樣：

$$球體體積=\frac{2}{3}\cdot 2\pi r^3=\frac{4}{3}\pi r^3$$

「這下我知道怎麼背這個公式了！球體體積怎麼算？四分之三πγ的三次方！阿基米德眞是太強了！」

「你說的沒錯！這公式眞是一絕，連阿基米德他自己都這麼覺得。事實上，他覺得非常驕傲，甚至想要在他的墓碑上刻一個美麗的球體裝在一個圓柱體裡。

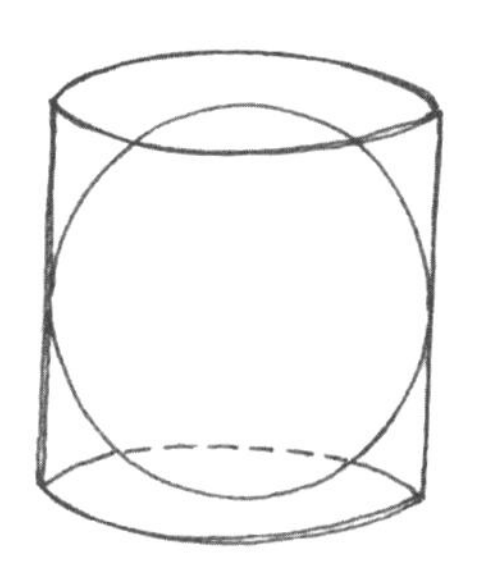

「也正是這個雕刻幫助了西塞羅，西元前七十五年時，他發現了阿基米德的墳墓上刻著球體體積的公式，當時他是西西里的刑事推事官。有些惡意中傷的人說這是羅馬人唯一的一個『數學上的發現』。西塞羅對此公式很感興趣，不過可惜的是他發現的也就只有這麼多了。」

「眞可惜！如果我長大之後當了考古學家，我保證我會去敘拉古找到阿基米德的墳墓，搞不好我會找到一些他發明的武器的碎片。」

「親愛的菲洛，他發明的那些武器可是羅馬人最珍貴的戰

利品，第二次布匿戰爭時，馬卻羅將軍可是要把它們占爲己有，所以我很懷疑找到那些武器遺跡的可能性。

不過找到阿基米德的墳墓一定會是一件很令人興奮的事！我有可能會成爲一個有名的考古學家的爺爺！不過現在我們回到球體跟球體體積的話題上，知道體積公式卻不會運用它就像是讀樂譜卻不會彈奏音樂一樣，這會使它失去美好的那一面。爲了讓你欣賞一下這個公式的美，我要示範一個具體的例子給你看，剛好我有一組裝水果沙拉的器皿要送給你媽媽。

你看，這裡有八個小碗和一個大碗，每一個都是半球形的。我在商店裡看到它們的時候，我發現大碗的直徑是小碗的兩倍，所以我二話不說就買下來了，因爲，可愛的菲洛，如果可以這麼形容的話，這可是依人數分裝的最佳公式！」

「可是爲什麼兩倍啊？我覺得要裝八小碗的水果沙拉的話，直徑應該要比兩倍更大啊！」

「親愛的菲洛，設計這一組器皿的人可是很懂幾何學的！當直徑爲兩倍時，球體或是半球體的體積就會變成八倍，球體體積的公式就能說明這一切。在公式裡半徑要乘上自己三次，所以如果半徑從1變成2的話，算式裡的1^3，也就是1，會變成2^3，也就是8。所以大碗裡裝的水果沙拉剛好可以平分到八個

小碗裡。這樣懂了嗎？」

「我懂了，不過在你修理要給媽媽的木盒子時，我要用水來測試看看這八個小碗的水是不是眞的可以讓大碗裝滿，可是你要修快一點喔！這樣我們等一下就可以一起出去。可是，爺爺，媽媽會不會先買了一個新的盒子啊？」

「新的!?不不，這不一樣，親愛的小孫子，每個人都有他的弱點，就想你有你的咒語，海維隆有他的金黃冠，我有這組半球形的碗，而你媽媽有她充滿回憶的盒子！盒子裡可是有你的第一顆牙齒呢！」

「爺爺，如果你仔細想想的話，阿基米德也有他的弱點，我覺得他有點虛榮，不然他怎麼會想要在墓碑上刻那個雕像，就跟馬克一樣！之前馬克獲得學校比賽的冠軍，有整整一個禮拜他都想把獎盃擺在他的桌子上！」

Chapter 13

豪情五兄弟

「爲什麼一副悶悶不樂的樣子？菲洛，怎麼啦？發生什麼事啦？」

「我生氣了，非常生氣。我再也不要跟馬克一起踢球了。」

「怎麼會？他不是你最要好的朋友嗎？」

「我再也不想跟他當朋友。」

「看來事情很嚴重。」

「非常嚴重，爺爺。我再也不想看到他，永遠都不要。」

「這很難耶，因爲你們在同一個班級啊！他肯定做了很糟糕的事情才會讓你這麼生氣。」

「他做了非常糟糕的事情。」

「看得出來，肯定是很糟的事。」

「我是第一個到的，我還帶了球，也帶了點心跟果汁，而他總是那樣。」

「總是怎樣？」

「老是遲到，和他住同一棟樓的朋友一起慢吞吞的過來。後來他跟安德烈兩人分球隊……我再也不想跟他們一起玩了！就這樣。」

「你越想就越生氣。」

「對，因爲他很過分。在分隊的時候，他總是選跟他住同一棟樓的人，我有跟他使眼色叫他選我，結果他都不選，最後只剩下我跟另外一個人的時候，你知道他選了誰嗎？他選了另一個人。你知道嗎？最後我就到安德烈那隊去，就這樣。我眞的很傷心，所以我連一球都沒踢進，應該說，我踢得爛極了！」

「拜託，不要哭了。你很有理由表現得不好，你知道馬克爲什麼這樣嗎？因爲只要看到足球，其他的他都不考慮了。」

「他只想要贏！其他的都不在乎了。」

「這樣吧，我們來泡杯熱可可好不好？現在是吃點心的時間了。」

「不要，我什麼都不想吃，我不餓。」

「那我跟你說我今天發生的一件事情。你要認眞聽我說，這樣可以讓你不要一直想那件事。很多年前，我還在當老師的時候，有個學生送了我一個小盒子，裡面有五個紅色的長得怪怪的骰子。他是在一個復活節彩蛋裡面找到的，因爲是五個不同的正多面體，所以他想要送給他的幾何學老師。我很高興他送我這個禮物，每次當我要講解正多面體的時候，我都會把那五個骰子拿出來做示範。不過不只是因爲這樣就讓我這麼喜歡這份禮物，而是因爲我很喜歡看這些美麗的形狀，它們是這麼的完美又有規律。總之我老是把它們放在我的書桌上，後來不知道發生什麼事了，它們就連同那個小盒子突然消失了。我偶爾會試著要去找它，可是我根本不記得把它收到哪裡去了，這讓我覺得很不開心。不過今天可不一樣，它出現了。」

「你把那小盒子放到哪去了？」

「它一直都在抽屜裡。我爲了把它收好，就把它跟一些夾子和其他一些小東西一起收在另一個盒子裡之後，我就整個忘了我把它收在那了。」

「你都沒有給我看過那些骰子，你說得那些正多面體我一個都不認識！」

「當時你還小，我怕你會不小心把它們吞下去啊！再說，當你長大之後，它們就不見了，不過現在它們出現了，我現在去拿來給你看。

「來啦，它們很漂亮，對不對？以前每個面上頭都還有數字，不過用久了之後那些數字就漸漸磨損掉了。」

「它們超漂亮的，你要送給我嗎？」

「當然，它們是你的了！至少它們不會再不見了。不過首先，如果你想聽的話，我可以先讓你認識它們一下，同時你可以把它們拿起來轉一轉，仔細的觀察它們。」

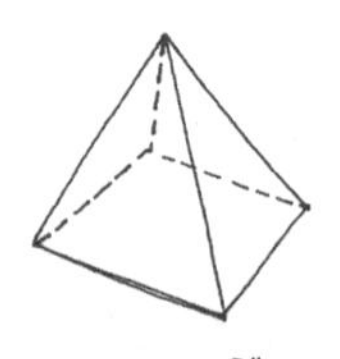
正四面體

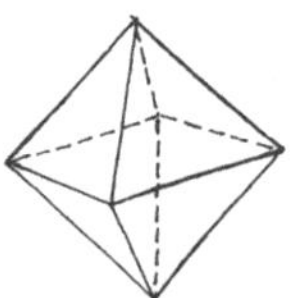
正八面體

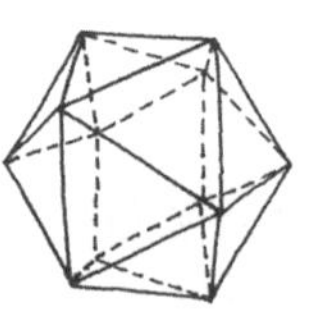
正二十面體

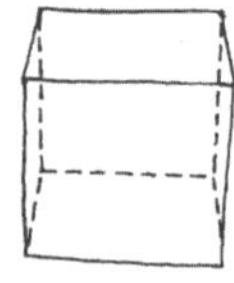
正六面體

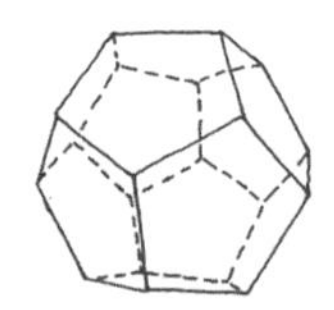
正十二面體

「我已經知道爲什麼它們要叫『正』多面體了，每個都是這麼的完美，這麼的有規律！而且還拿它們當骰子來試試自己的運氣。」

「對，每一種正多面體的面都是由同一個正多邊形構成的，還有，你自己觀察一下，它每一個面的邊也都是一樣的數目。你看，前面這三個正多面體的面都是等邊三角形。」

「等一等，爺爺，我來算算看它們有幾個面。這一個有四個面，那一個有八個面，另外這一個有……有好多個面……它有幾個面啊？」

「有二十個，而且它就叫做正二十面體。那個有四個面就叫做正四面體，有八個面的那一個就叫做正八面體。」

「這些名字眞奇妙。」

「還有正立方體是由正方形組成的六個面的立體圖形，所以它的另一個名字也叫做正六面體，然後最後一個是由正五邊形構成的正十二面體，因爲它有十二個面。」

「爺爺，三角形、正方形、五邊形都完成變身任務成爲立體圖形了！現在我們可以試試六邊形，快點，我們來做一個用正六邊形組合成的正多面體！好不好？我去拿厚紙板跟剪刀。」

「等等菲洛，你要去哪啊？我們做不出什麼東西來的！」

「爲什麼不行？我還有膠水啊！」

「親愛的，因爲除了這五種之外沒有別的正多面體了！」

「爺爺，你在開玩笑嗎？誰會阻止我們剪很多六邊形，然後做出另一個正多面體呢？」

「幾何學會阻止我們這麼做，它的規則可是非常嚴謹的！你看這邊，如果我要把三個正六邊形連在一起的話……」

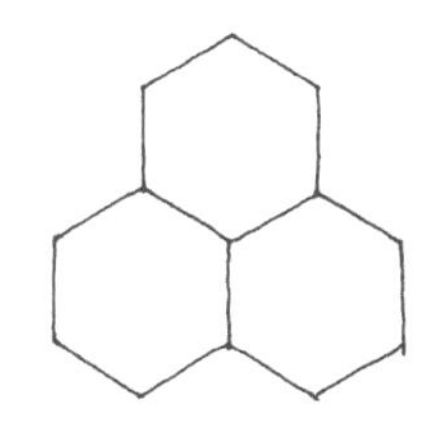

「會接得剛剛好，爺爺。這三個角會形成一個360°的角，所以剛好是一個平面。」

「平面！你說得沒錯！不過為了要形成一個立體圖形，我們必須離開平面啊！這樣角度就不可以是360°，而必須是比較小的角度才行！要結合成為一個頂點的角度總和要小於360°，只有這樣那個頂點才不會被壓成平面。就算我們把其中一個六邊形拿掉，只留下兩個六邊形，可是只有兩個平面也是沒辦法變成一個立體圖形的。」

「你說得對，爺爺。兩個六邊形變不出什麼花樣。」

「所以，可愛的小孫子，就像在崇高的歐幾里德的偉大著作最後所寫的一樣，除了這五種以外沒有別的可能性了。現在我幫你做個總結：如果要用正三角形的話，你可以用三個、四個或是五個正三角形來形成正多面體的一個頂點，如果是用正方形或是正五邊形的話，就只能使用三個來形成正多面體的一個頂點，然後就沒有其他的方法了。」

「那我相信為什麼你這麼喜歡那些骰子了！因為它們很稀有。」

「對，沒錯！它們眞的是數學界的明星，科學家跟哲學家都臣服在它們的魅力之下。它們也被叫做柏拉圖立體，正是源自於希臘偉大的哲學家柏拉圖的名字。」

「柏拉圖，那個幾何學的狂熱份子？」

「對，就是他。事實上就像許多比他早期的其他思想家，

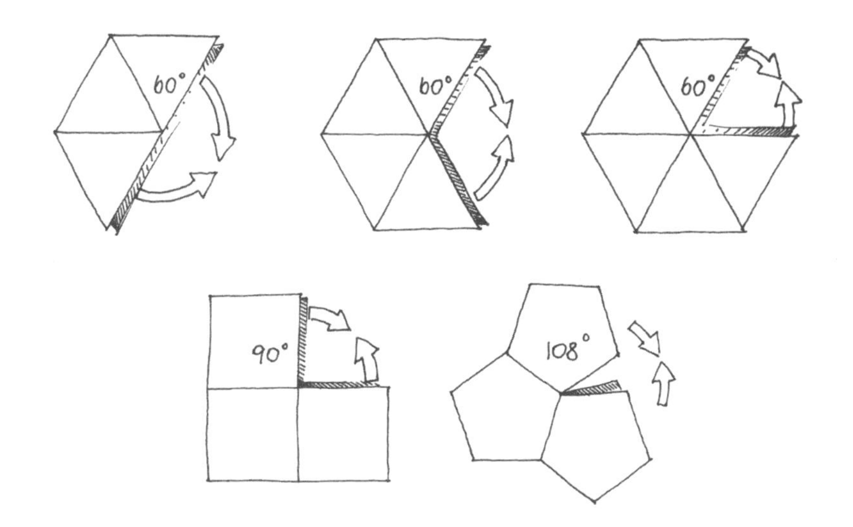

柏拉圖也想要發現物質的自然特性，所以他常問自己：形成這個宇宙的所有物質的共通點是什麼？」

「就是原子啊，爺爺，這麼簡單的事！連小朋友都知道所有的物質都是由原子組成的！」

「沒錯，是很簡單！當已經有人先發現了之後，當然會很輕易的就說出那件事很簡單。柏拉圖跟其他的人至少提出了正確的問題，而柏拉圖給的答案是：所有的物質都是由四種元素所組成，分別是土、氣、火和水，然後世界萬物都是被幾何學的規則所主宰，而這四個元素要跟最有規律及完美的東西相符合，分別是正立方體、正八面體、正四面體和正二十面體，而柏拉圖認爲正十二面體與整個宇宙相符合。

「這個理論現在聽起來很好笑，可是這理論可是深藏著眞相的核心。事實上，自十七世紀開始，一種新的科學——晶體學發現大部分的固體物質，尤其是礦物質的結構都是對稱而有規則的，且與那五種柏拉圖立體的形狀相似。」

「這個我知道，爺爺，我蒐集的水晶都超漂亮的！你有看過我那又黑又亮的磁石嗎？它就是正八面體的形狀，就好像兩個金字塔從底部接起來的一樣。」

「對，但不只是指外在的形狀而已，而是連內在的結構都是幾何圖形！聽起來可能會覺得很奇怪，不過也就是這些固體的基本粒子的排列方式決定了它們的本質。試想，兩個極度不同的物體，像是鉛筆裡的又黑又易碎的石墨，和晶透又堅硬的鑽石，這兩樣東西都是由碳原子組成的。

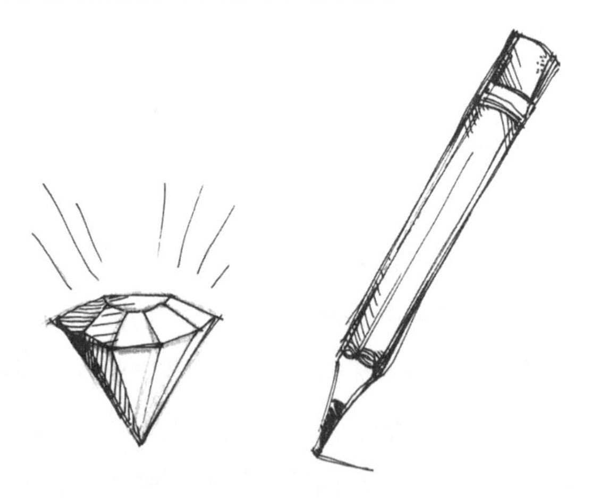

而會造成它們之間如此大的不同全是因爲原子的排列方式不同的原因。你知道鑽石的構造嗎？它的晶體結構是正立方體

的喔！就跟炒菜用的食鹽一樣！拿你的顯微鏡來，看看我們能在一粒鹽巴上找到幾個小小正立方體。」

「爺爺，那正方形就不是人類發明的啦！那個人肯定看過這些小小正立方體。」

「我不知道，或許你說得對。可能那些住在海邊的人看過海鹽，然後模仿了那個形狀，大概吧！但是我要跟你承認，我比較喜歡正方形是由人類的智慧創造出來的這個想法。」

「所以柏拉圖是對的，我們的生活周遭被幾何圖形所包圍著。」

「嗯……並不是所有的物體都是結晶形的，像是橡膠、一些塑料，還有玻璃本身也是，這些東西都是非結晶形的，意思就是它們並沒有眞正的形狀。然而，仔細想想，病毒的結構也是結晶形的，電腦的晶片也是用矽做成的人造結晶形。然後也有一種東西叫做液晶，那是一種界在固體與液體之間的物質，它的分子排列得就跟結晶體一樣整齊。有些液晶會隨著溫度的高低而改變顏色，被用在醫療用途上，其他像有光散射能力的，就被用在顯像的設備上。」

「對，像我手表的顯示螢幕就是液晶的，所以我都會很小心。」

「如果現在我們發現你的足球也是源自於正多面體的呢？」

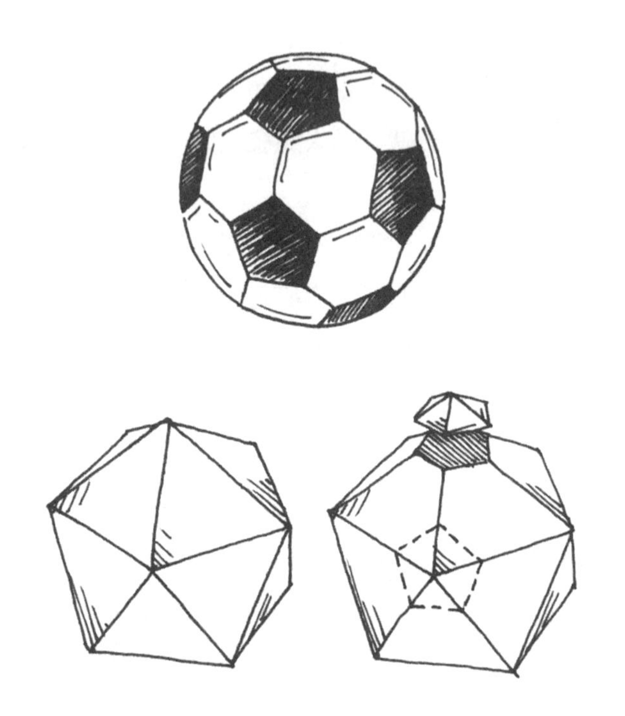

「不可能的，爺爺，足球是球體耶。不過，等等……我想一下喔……足球是由六邊形跟五邊形組成的！」

「好棒喔，沒有錯。這些六邊形跟五邊形因爲內部空氣壓力的關係而彎曲變圓，而事實上將正二十面體的每個頂點去掉後就變成足球的樣子了。」

「喔……這眞是太妙了！」

「而且這不只跟運動有關，美國的一位建築師富勒，他就是因爲看到了足球是由三角形做切割之後形成五邊形與六邊

形，而發明出偉大的建築作品，就是那不需梁柱支撐的多面體圓頂，他還因爲這個發明而獲得了諾貝爾獎呢！」

「眞的很有趣，爺爺，你覺得馬克會知道這個足球的故事嗎？」

Chapter 14

鏡子、星球和彗星

「爺爺，用跑的！快點過來這邊！很緊急！」

「我的天啊！這麼急啊！發生什麼事啦？這是你的惡作劇嗎？這裡都要著火了！」

「不要緊張，爺爺，只是煙而已。我在學校的時候就利用下課時間試過了，紙不會自己燒起來，你看它很漂亮對不對？用放大鏡跟陽光我就可以燒那張紙，應該說，在它上面雕刻。你喜歡這個蒙面俠蘇洛的Z嗎？

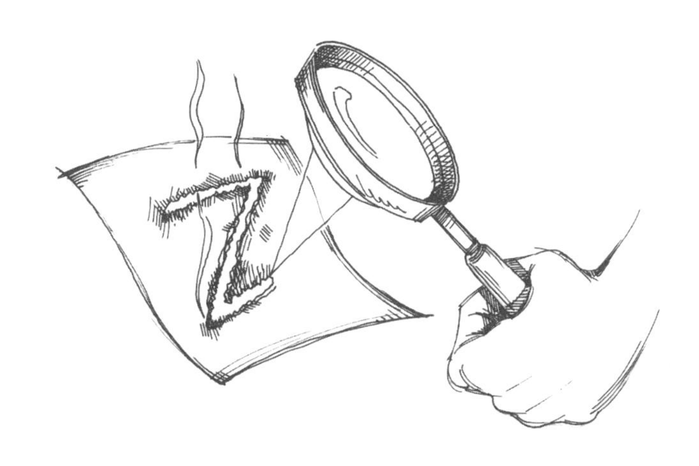

「明天我要跟馬克和好，我要邀他來這邊一起來一場帆船大戰，當然是紙做的帆船啦！我相信我會贏的。爺爺，你知道我要跟你說什麼嗎？你是對的，認識歷史是很重要的一件事。我想要從阿基米德身上得到靈感，因爲當他對抗羅馬人時，建造了一種可以讓羅馬人的船燒起來的武器。」

「你挑了一個很不錯的榜樣，不過你要知道，阿基米德是不打仗的！那些武器是爲了防禦來圍城的敵人。」

「爺爺，跟我說說那故事，爲了要燒那些羅馬軍隊的船，他使用的放大鏡一定超大的！」

「他不是用放大鏡，那時候還沒有放大鏡這種東西，他是用拋物線反射鏡，就是一種特別曲線的凹面鏡，那就跟我們車子的大燈有相同曲線的反射鏡。給我一枝鉛筆，用畫圖的比較好懂。如果我們將拋物線反射鏡或是車頭燈從中間切一半的

話，那我們看到的橫切面就會是長這樣，這樣的線就叫做拋物線。」

「可是那不是我們放在屋頂上爲了看電視的那個東西喔？」

「那個『東西』其實叫做拋物面天線接受器（小耳朵），它的曲線跟阿基米德使用的鏡子和車頭燈一樣，它們有一樣的特質。你仔細聽我說，想像你有一條細長的金屬薄片，再來你把它彎曲成像我剛才畫的那條線一樣，然後我們模仿太陽光線的照射方式來照射在這個彎曲的金屬薄片上。特別的地方就在於它會將所有的光線匯聚成一點，由於光線的聚集，所以任何被放在這一點上的東西都會因爲過熱而燒焦，這也是爲什麼那一點被叫做拋物線的焦點。

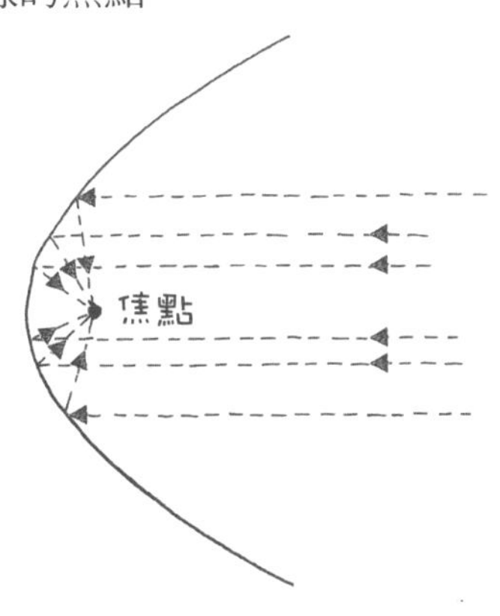

「阿基米德所使用的鏡子當然不可能只是一條金屬薄片而已，而是一整片的拋物面鏡。」

「我懂了，所以敘拉古的士兵就一直拿著那些鏡子直到羅馬軍隊的船都燒起來為止，眞是太聰明了。想想那些羅馬士兵眞可憐，他們就在海面上，以為周圍都不會有敵人出現，結果很突然的船上的木頭居然就這樣劈哩啪啦燒起來了，升起一陣濃煙之後被超高的火焰吞噬掉。」

「可憐的羅馬士兵，除了認為是神的憤怒降臨在他們身上之外，找不到其他更好的解釋了。」

「爺爺，你知道嗎？古時候的人也以為會有閃電是因為宙斯生氣了。古代人眞可憐，只是來個雷陣雨就以為自己又做錯了什麼事，搞不好還會因此而吵架，互相責罵對方說：『是你犯的錯！不對，是你犯的錯！』還好後來有了科學。不過，爺爺，你覺得為什麼羅馬人這麼想要征服敘拉古呢？」

「因為敘拉古與羅馬頑強的敵人──迦太基結盟。」

「爺爺，羅馬跟迦太基是由兩個相愛的人各自建立的城市，結果卻變成了敵人，這眞是太遺憾了！可是車頭燈呢？它又跟拋物線反射鏡有什麼關係？」

「車頭燈跟那鏡子的作用是一樣的，只是顚倒過來而已。車頭燈裡的光的來源，也就是那顆燈就放置在焦點的位子上，這樣當它的光線經過拋物面的折射之後，就會變成跟陽光一樣的平行光線，就可以將前頭的路面照得又亮又遠。

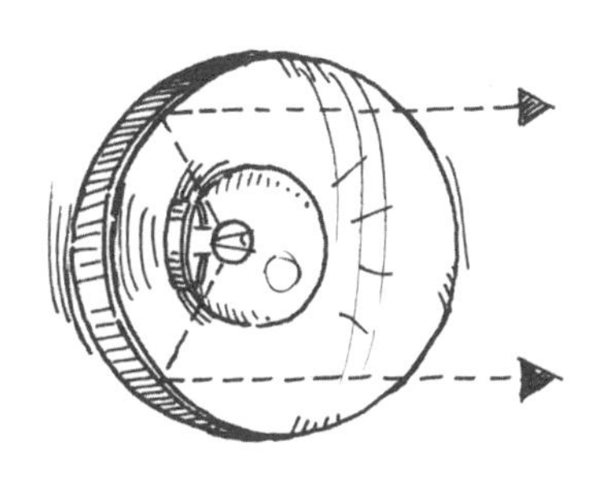

「至於天線接受器的功用就跟鏡子的一樣了，唯一不同的地方就是，它接收的不是光線，而是無線電波。其他還有像太陽能爐灶，利用拋物線的特性聚集太陽光的能量可以將焦點處的溫度升到極高。有沒有看到？只是一個簡單的曲線卻有這麼多的用途，只要把一個東西往空中一丟，你就可以隨時看到這個曲線。這就是伽利略所發現的拋射體的飛行軌跡理論。」

「眞的耶！爺爺。每次我踢足球的時候，都看到球升到最高點之後，就會以跟上升時相同的路徑形狀落下。」

「給你一個建議，如果你想要把球踢得很遠的話，你得要踢45°角，也就是直角的一半，相信我，這是拋物線的一個特性。」

「我懂了！這就是爲什麼橄欖球比賽中，球員要射門的時候，都會把橄欖球放在一個呈45°角的小東西上！」

「沒錯，如果你仔細想想，足球的守門員也是，當他想要將球長傳到另一個半場的話，球的路徑也會是呈45°角。」

「爺爺你眞的好強喔！謝謝你的建議。我敢打賭馬克一定不知道這件事。」

「相反的標槍選手一定都會知道這件事！告訴我，你有沒有沙漏啊？」

「當然有，爸爸有送我一個，爲了調整我刷牙的時間長度。有夠誇張的！他跟我說我要整整刷兩分鐘，就是要刷到沙漏光爲止。我兩秒就可以把牙刷得很乾淨了！不過你爲什麼要問我有關沙漏的事啊？」

「你去把它拿來，我要示範一些很有趣的圖案給你看，不過你要小心拿，可別掉了！」

「嗯……如果掉了可就麻煩了，沒有沙漏，我的牙齒就糟糕了！」

「別逗了，看這裡。你仔細地觀察沙子的邊緣，然後想像這個沙漏是無限長的。

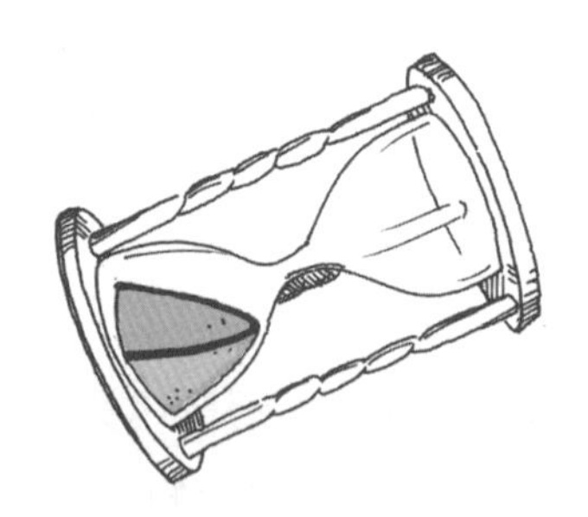

「你看到了嗎？沙子沿著沙漏的玻璃瓶邊緣所產生出來的那條彎曲的線就是拋物線。」

「眞好玩，讓我試試。可是，爺爺，如果沙漏擺正的話，

會是圓形的，如果稍微傾斜的話，就是橄欖球的形狀。」

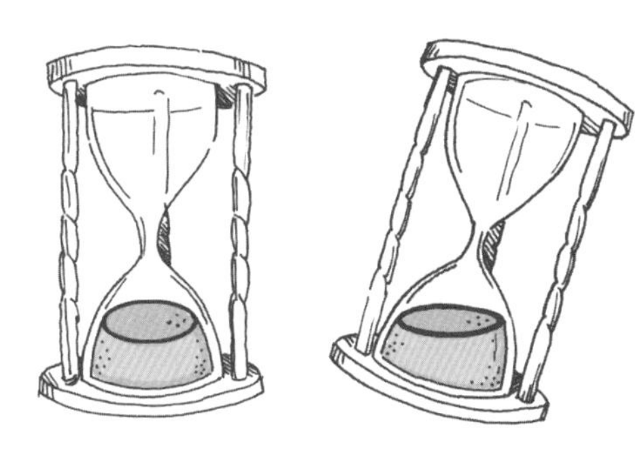

「你好棒喔！那個形狀就叫做橢圓形，它也是一個很重要的圖形，人們認爲所有的星球跟衛星所繞行的路徑形狀是橢圓形的，克卜勒在十七世紀的時候就提出了這個定律，沒多久之後艾薩克．牛頓證明了這個定律，整個太陽系在銀河當中所運行軌道是橢圓形的。現在我來教你怎樣可以很簡單的就畫出一個橢圓，這樣下次你到茂洛叔叔家那間橢圓形的房間，他如果問你問題時，你就可以讓他見識一下你的聰明。我們拿一塊木板來當墊子，像是廚房的砧板，然後還要一張紙、兩個圖釘、一條細繩和一枝鉛筆。」

「你不用擔心，爺爺，我會很快地把這些東西都弄到手！」

「我知道，只要跟跑腿有關的事，你就會快得迅雷不及掩耳。現在我用圖釘將繩的兩端固定在木板上，然後用鉛筆把線繃緊，在紙上畫一圈。看到沒？一個橢圓形就出現了。

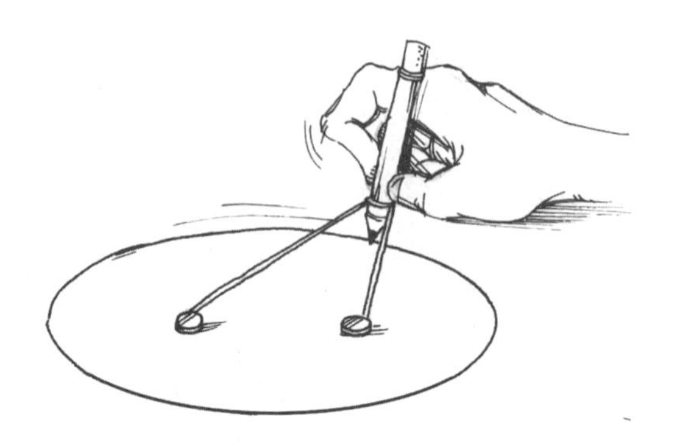

「這兩個用來固定的點可是這個圖形裡非常特別的兩個點，它們就是橢圓形的焦點。你知道爲什麼嗎？因爲如果我們把金屬薄片沿著橢圓形的外圍繞一圈，然後從一個焦點上放出光線的話，光線自金屬片反射後會通過另一個點。」

「那樣的話，爺爺，這個通過第二點的光線經過金屬片的反射之後，就會又通過那個它最先出發的第一個點啦！」

「你了解得很透徹。如果把它想成是一個橢圓形的撞球檯的話，就會比較好懂了，然後我們放一顆球在一個焦點上，不管將球打向哪一個方向，它都會在撞到邊緣之後反彈，通過另

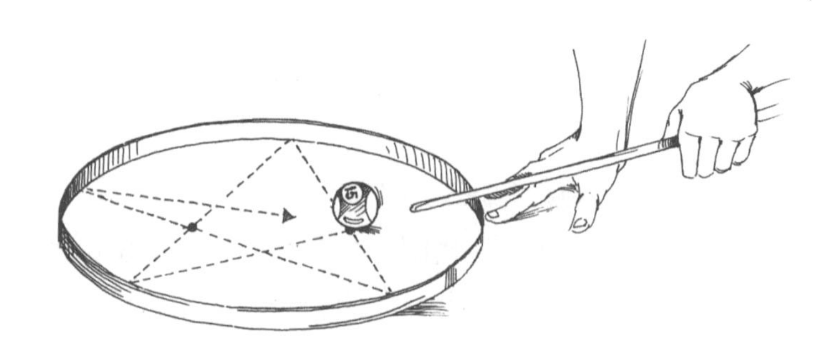

一個焦點之後，再一次撞擊到邊緣後反彈，通過第一個焦點。總之，每一次反彈會通過一個焦點，再一次反彈之後就通過另一個焦點。」

「爺爺，這不正是永動機（註：永動機是一種想像中的不需外界輸入能源、能量或在僅有一個熱源的條件下便能夠不斷運動並且對外作工的機械），我們終於發明出來了！」

「冷靜！冷靜！可沒這麼簡單！你沒把摩擦力算進去，摩擦力會漸漸地消除撞球的能量，直到撞球停下來爲止。」

「總是這個摩擦力來阻撓一切。我有在書上讀到，如果沒有摩擦力的話，只要輕輕地推一下，我們就可以不花一毛錢的到處旅遊了！」

「不過這樣會有很多麻煩的，譬如說，你會停不下來，而且連牙膏的蓋子都打不開！我跟你說，在一些呈橢圓形的地方，就算是在很吵雜的人群中，兩個人分別站在橢圓形的兩個焦點上，只要小小聲的說話，對方就可以很清楚的聽到他在說什麼。這種地方被叫做『密語室』。像是羅馬的聖若望拉特朗大殿裡就有一個這樣的房間，如果我沒記錯的話，另一個在華盛頓的國會大廈裡。」

「眞有趣！可以在那邊拍部間諜電影！」

「不過，親愛的菲洛，跟橢圓形的焦點有關的最重要的事情就是在行星運行的軌道裡，太陽就位於其中一個焦點上，這件事我們可不能忘記！」

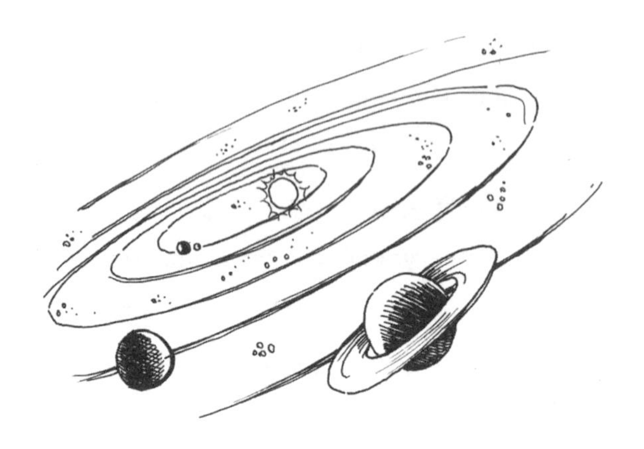

「爺爺，如果可以在學校的花園裡蓋一間橢圓形教室的話，那一定很棒！然後我們可以把燈擺在其中一個焦點上！」

「如果老師同意的話，我覺得這會是個好主意。然後另一個焦點你們可以布置成你們想要的樣子，不過你們要記得兩個焦點的距離要比繩子的長度還短。然後你們會發現如果兩個焦點的距離越近，畫出來的形狀就會越趨近圓形。」

「嗯……眞的耶！所以圓形跟橢圓形就差不多像親戚那樣的關係囉！」

「不錯，很棒的比喻，那這樣說的話，橢圓形跟拋物線也算是親戚了！想像一下，如果把一個焦點無限的越往外拉的話，你會看到什麼？你會發現這橢圓形的一部分越來越像一個拋物線。再把沙漏拿給我，我讓你看看這曲線的另一個親戚。如果我把沙漏平放，就會有兩個圓弧的曲線。你看，這就叫做雙曲線。

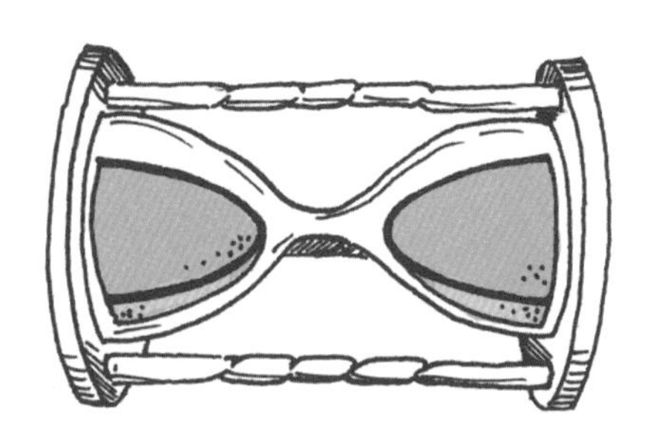

「打個比方來說，牆角邊因為風吹而聚集起來的雪堆，形狀就像半個雙曲線！而照著燈罩的立燈所投射出來的光線在牆上的形狀就像一個雙曲線。

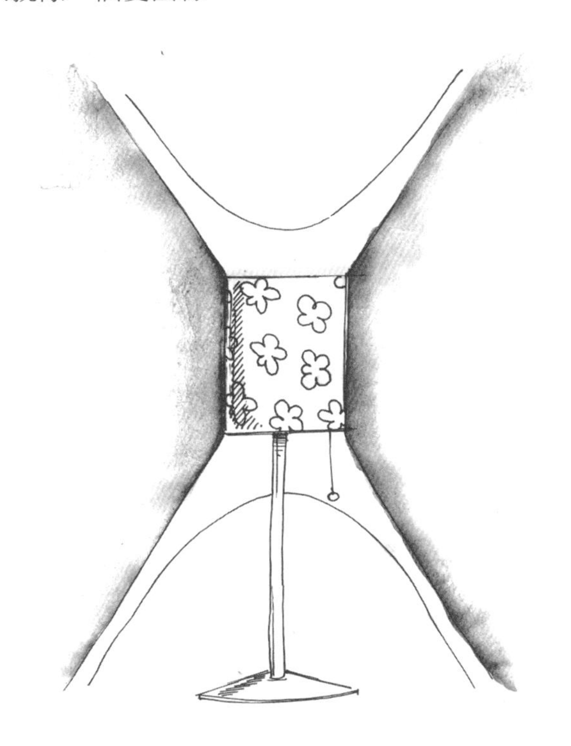

「菲洛你想想，圓形、橢圓形、拋物線還有雙曲線這些線條在很久以前就被希臘人研究過了，而那些希臘人會稱這些曲線爲圓錐曲線，就是因爲這些線條都可以從像沙漏那樣的圓錐體上切割出來。」

「爺爺，不知道那些古希臘人看到我們在學他們研究出來的東西時會是什麼表情，我覺得應該是非常的高興，他們會很感到驕傲。」

「親愛的，應該是驕傲且驚訝！尤其是阿波羅．尼阿斯先生，他跟阿基米德是同一個時代的人，他是個偉大的數學家，而且他寫了八本跟圓錐曲線有關的書。會吃驚是因爲他一定沒想過圓錐曲線竟然主宰了行星及其他星球的運行。而一顆彗星的運行軌道只有三種可能：一種是橢圓形，這樣每隔一段時間之後它就會再度經過地球，不然就是拋物線或是雙曲線，它會消失在浩瀚宇宙的深淵裡，當他知道這件事時肯定會吃驚的嘴巴都合不攏了！」

「我好希望看到彗星喔！爺爺，那個哈雷彗星會再經過地球對不對？那這樣它的運行軌道是個橢圓形！」

「沒錯，我們的哈雷彗星每七十六年繞太陽一圈！它上一次的出現是西元一九八六年，在我記憶裡就還像是昨天的事一樣，那時你還沒出生。不過西元二〇六二年時你就可以看到它啦！」

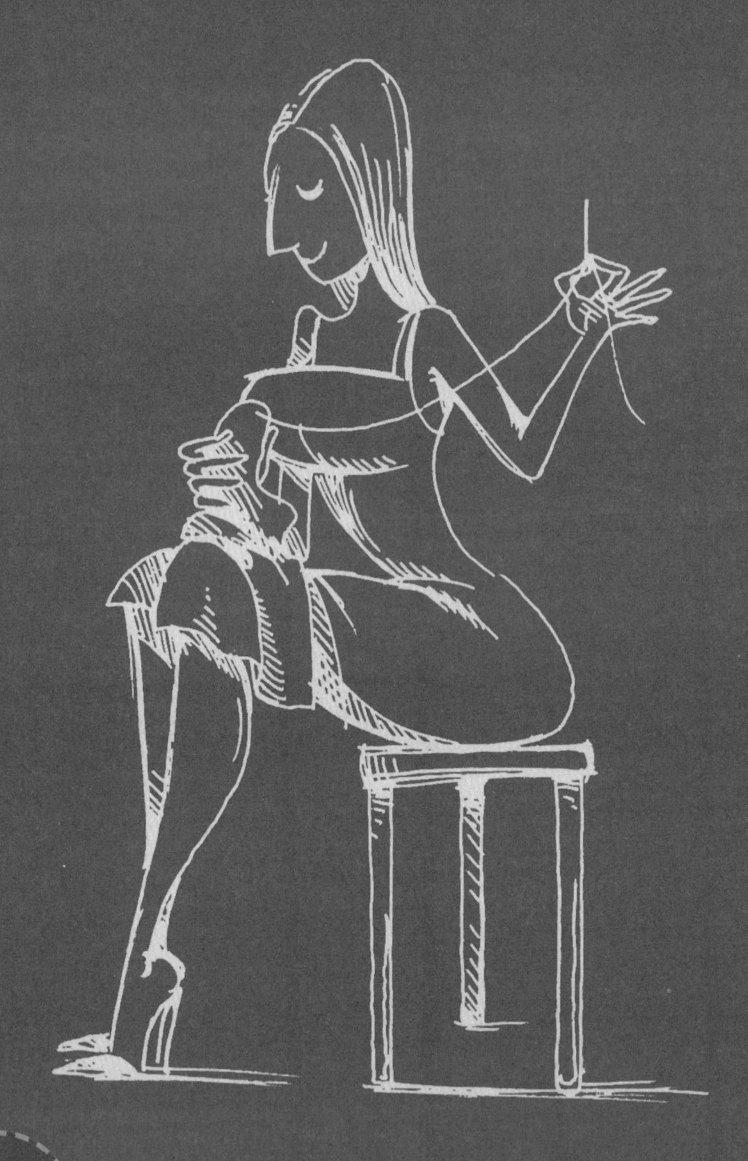

Chapter 15

來自倫敦的問候

「爺爺，你有沒有一點想念嘉嘉啊？」

「當然，我很想念我的孫女露伊嘉，不過我也很為她高興，因為她正在經歷一個很重要而且對她未來工作時很有用的經驗，也可以培養她的自主能力。那你呢？你會不會想念你的姊姊啊？」

「有一點會，也有一點不會。」

「我敢說你一定很高興有一整間都屬於你的房間！」

「以前她在的時候，如果我要玩樂高玩具的話，我都要很安靜很安靜，一點點飛機或是太空船或是挖土機的聲音都不可發出來，不然她就會馬上很生氣的說：『噓……你給我安靜！我要念書！』」

「這也不是她的不對，因為她的考試眞的都很難。不過現在你愛怎麼玩都可以，不會打擾到任何人了，我也不怕會被你吵到。」

「我知道，可是現在我不喜歡玩樂高了，以前她也會幫我畫畫。」

「如果你想要的話，我也可以幫你啊！我很會用鉛筆畫畫和塗色。」

「不過，當我很累很累的從球隊訓練完回來，她會讓我坐在床上，幫我脫鞋子還幫我換睡衣。你知道嗎？之前有次馬克的褲子破了，她還幫馬克縫好，而且馬克的媽媽都沒有發現喔！」

「總之只要再耐心地等一等，兩個月之後她就回來了。」

「你要看她寄給我的明信片嗎？等等，我去背包拿，我今天把明信片帶去學校了。」

「好漂亮喔！是倫敦的地鐵地圖。你知道嗎？這個倫敦地

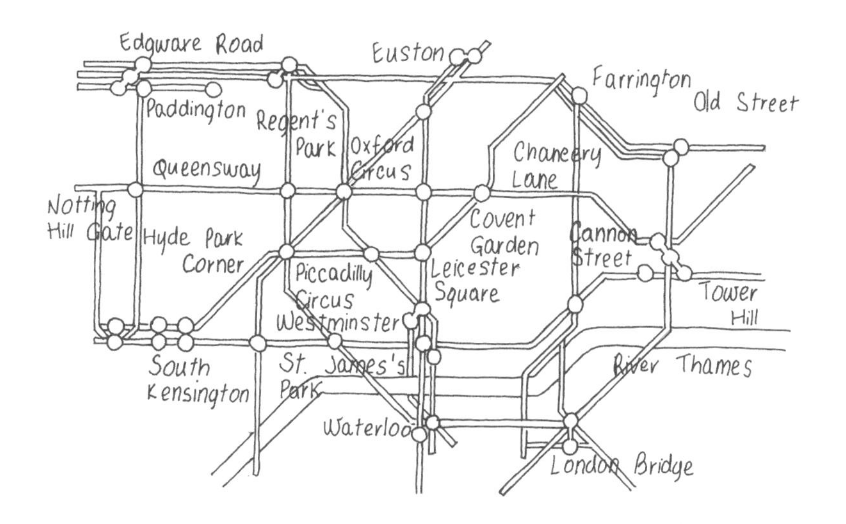

鐵的設計師花了兩年時間說服上司接受他的繪製圖，後來有很多其他的地下鐵的地圖也都是參考這種繪製方式。他的上司認爲這種繪製方式太過抽象，完全沒有考慮到空間上的幾何關係，但是那位設計師知道，在地底下並不需要考慮地表上那些縱橫交錯的街道與巷弄，而需要注意的是在路線上每一個車站的相對位置就好啦！」

「我知道了，我有搭過巴黎的地鐵，而且地圖我都看得懂喔！那時都是我帶著爸爸媽媽坐車的。」

「可不是嘛！他們有跟我說過這件事，你就像隻野兔一樣，只要看一眼地圖就知道怎麼走了！事實上這個圖示眞的很簡單明瞭，數學上稱它爲圖，甚至還發展出一門新的數學分支稱做拓撲學，拓撲學是在探討各點之間的位置及連結方式，而

不是它們之間的距離或是面積大小，就像那個地鐵站地圖一樣。」

「拓撲學？好奇怪的名字，應該跟老鼠（註：老鼠的義大利文為Topo，與拓撲學Topologia的字首相同。）沒有關係，不過小朋友很可能會搞錯，因為地鐵是蓋在地底下的，而老鼠也總是在地底下鑽洞。爺爺你覺得呢？」

「小孩子是有可能搞錯，雖然有點將老鼠的地道升格成科學圖表的感覺，不過我覺得這種想法很可愛！然而拓撲學這個字是源自於希臘文，topos是位置的意思，而logos是研究的意思，所以topology就是位置的研究的意思。不過有一點要注意，那就是拓撲學並不是古希臘時候的一門科學，而是幾百年前才發展出來的一門新興領域。你知道嗎？可以利用拓撲學出一些很不錯的謎題。仔細聽囉！如圖有三棟房子，它們都需要裝瓦斯、自來水跟電力的管線，要怎樣裝設才可以不讓這些管線有相交？你來試試看怎麼裝吧！」

「拿給我，我要鉛筆。我很會解謎題的。好，讓我想想，如果我這樣畫，等等，我再試一遍。不知道，我試過所有的方法了，可是一定至少會有一條管線跟別的相交。」

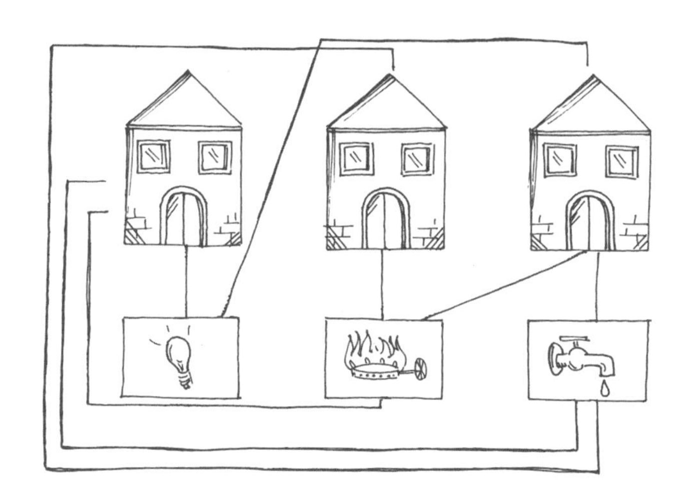

「你說得沒錯，一定會有，事實上有拓撲學家證明了那個圖是沒有辦法完全不相交的做連結。這個例子是將拓撲學運用在遊戲上，不過它有更重要的用途，譬如說，製作電腦的積體電路時，要如何設計電路的架構，或像是鐵路及高速公路的交通網絡，甚至小到如何安排手機的目錄，在這情況下都是需要拓撲學的幫助而非幾何學。」

「不管怎樣，我覺得雖然歐幾里德不是一位拓撲學家，可是他一定也知道要怎麼設置道路跟高速公路。」

「當然！可沒人敢說你那偉大的歐幾里德的壞話！每個東

西都是因爲受到需求的刺激，或是單純的好奇，才發展出來的，而拓撲學就是從一個令人想破頭的難題開始發展的。」

「我想就跟機率是一樣！機率不正是一個想借由賭骰子贏錢的賭徒去請教一位數學家而發展出來的一門數學嗎？從那時就開始不停的研究，最後數學家們就發明了機率！」

「正是如此。而這個使拓撲學發展的難題就源自於當時德國的一個名叫柯尼斯堡的小城市，現爲俄國的卡里寧格勒。一位偉大的哲學家伊曼努爾・康德就出生於這個小城市，儘管他能在人類知識的廣大迷宮中自在遨遊，但他卻從來不曾離開過這個他出生的城市。或許就像康德一樣，柯尼斯堡的市民都熱愛著這座自普列戈利亞河岸及河中央的兩座島發展出來的城市，大致上就是長這個樣子。

「好啦！每當好天氣時，居民們都喜歡在這七座連接小島與河的兩岸的橋上散步。然後當他們在散步的時候，思緒也跟著運轉，他們開始想是否有以從這四塊區域中的任何一個開始只各經過這七座橋一次而去到其他三個地方？你應該會覺得這是個沒什麼意義的無聊問題。」

「一點也不！這跟我們玩的那個寫字母的遊戲很像，筆不可從紙上移開，也不可重複前面的筆畫來寫出字母。菲洛的F寫不出來，可是馬克的M就可以。

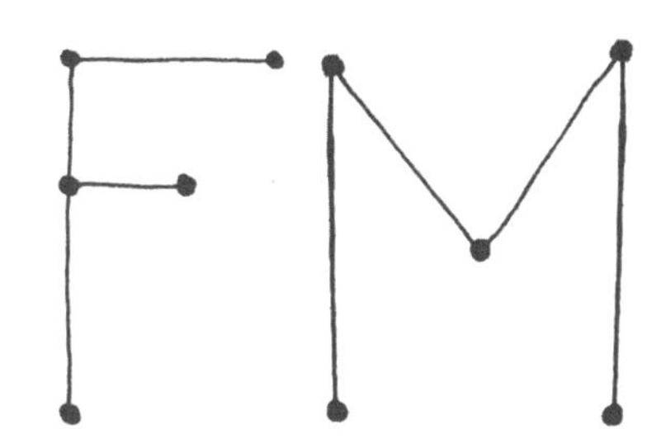

我想要試試看橋的。如果我從這裡開始，不對從這邊開始比較好。不行，我辦不到，每次要回到開始的那個點就得經過其中一座橋兩次！」

「那些柯尼斯堡的市民也是如此，所以爲了解決這樣的難題，他們決定要去請教一位有名的數學家萊昂哈德・歐拉。」

「誰啊？是教導一位公主集合論的那個人嗎？」

「正是他，他也是那位證明出當指數爲3時，費馬最後定理沒有整數解的人。菲洛，歐拉說他可以很輕鬆的做數學運算，就像人類呼吸、老鷹飛翔一樣簡單自然。西元一七三六年的時候就是他解答了柯尼斯堡七橋的問題，並致力於拓撲學的研究！」

「好吧！爺爺，那現在你跟我解釋怎樣才可以走完那些橋又不重複經過它兩次。你可別又從整個數學史開始解釋喔！」

「你說得對，好啦，歐拉他知道要解決這個問題不需要在意那些島的形狀，或是它們的範圍，或諸如此類的事，重要的是這些島和橋的位置所在，所以他就把它簡化成一個圖表：

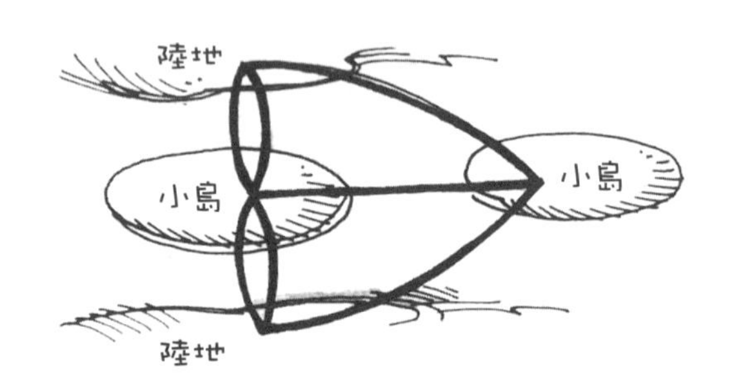

「他將每塊土地以點來表示，土地之間的連結，也就是那些橋以弧來表示，然後就得到這樣的圖。」

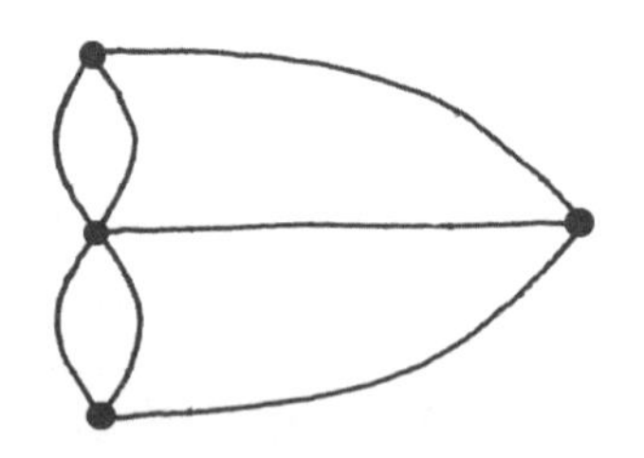

「嗯，我知道數學家最愛做圖表了。」

「然後他這樣推論：如果一個點上有兩個弧，一個就當作入口，另一個就是出口，那問題就很容易解決，可以不必經過弧兩次就到每一個點；那如果每一個點上有四個或是其他偶數

個數的弧的話，就可以將一半的弧當成入口，另一半的弧爲出口，這樣就可多次經過每一個點又不重複經過弧，問題就一樣解決了；不幸的是，柯尼斯堡七橋情況，就像你看到的，每一個點上都有奇數個弧，所以歐拉就下了結論：『各位市民，不要再忿忿不平的來回在橋上走動磨損你們的鞋底了，因爲你們的意圖是永遠不可能成功的。』這也解釋了爲什麼字母F沒辦法一筆畫成，因爲它一個點上有三個弧，剩下的三個點上又都只有一個弧。」

「嗯……爺爺，那I呢？I只有兩個點，兩個點上又都只有一個弧，不過I很簡單就一筆畫成了。」

「眞棒，我當場就被你抓包了，我說的不夠精準。其實歐拉給的完整定理是要不重複的經過所有的弧的可能性只有兩種，一是每一個點上都是有偶數個弧，不然就是只有兩個點上有奇數個弧。」

「這個歐拉好厲害，爺爺，我想要跟他一樣！不過他有去柯尼斯堡那散個步嗎？如果是我的話就會去那邊，這樣那裡的人就都會認識我，搞不好他們還會送我禮物。」

「我不知道歐拉有沒有去過柯尼斯堡，不過我知道他因爲不停的讀書，讀得太多了所以在他還很年輕的時候就瞎了一隻眼睛，後來在他快要六十歲的時候罹患了白內障，另一隻眼睛的視力也因此失去了。不過這一點都不會削減歐拉對數學的熱愛，並藉由他的孩子及孫子的幫助以口述的方式出了許多本著作。」

「看吧！我總是跟爸爸說讀太多書並不好，可能會變成瞎子，還有可能會死掉！其實，爺爺，我想要跟你說，我今天在文法課上學到的句子：『事先預防總比跟地鼠一樣瞎好！』你同意這句話嗎？」

Chapter 16

不用直尺與圓規

「今天在休息時間的時候我們玩得超開心的，每一個人都依自己喜歡的樣子用很多點點畫成一座城市，然後其他的人要一筆畫過所有的點。可是，爺爺，當我提到歐拉這個人的時候，其他人從來都沒聽過這個名字，他們也不知道他因爲讀太多書所以變成瞎子的事喔！而且你仔細想想，這是一件很恐怖的事耶，雖然他寫過很多本書，卻沒有變得很有名。如果想要成名的話，就一定要發明個理論才可以，就像畢達哥拉斯一樣！」

「可是歐拉有發明理論，事實上存在一個公式就叫做歐拉公式，而且是連小朋友都懂的簡單公式。我跟你解釋這個公式，你注意聽。你有看到這個正立方體的形狀嗎？

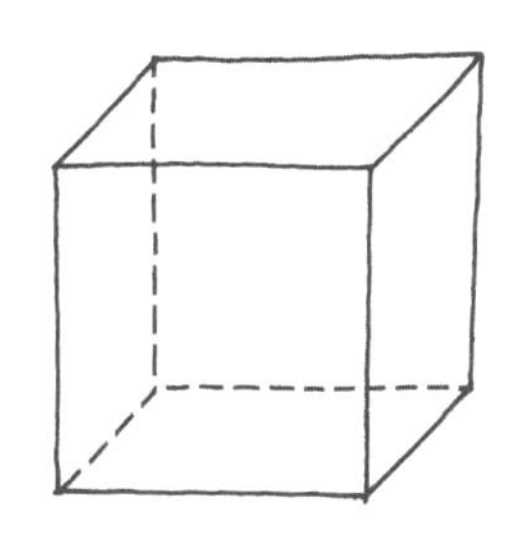

「跟我一起算，它有8個頂點、6個面和12個邊，現在我們把頂點的個數加上面的個數再減去邊的個數：

$$8+6-12=2$$

「答案是2。它看起來不像是個特別的例子，不過，驚喜的是不管你是用正四面體、正八面體或是各種多面體來算結果都一樣。又或著我們切下一部分的正立方體！

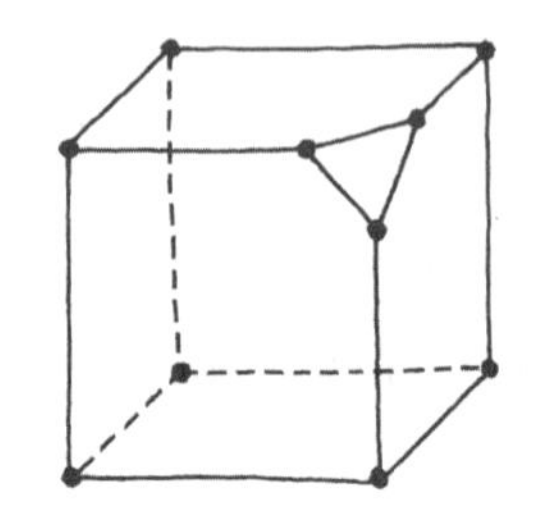

「也還是：

頂點＋面－邊＝2

「這就是歐拉公式。」

「真好玩，連那個有很多很多面的多面體……它叫什麼啊？」

「正二十面體，沒錯，這個公式也能套用在它身上。現在跟我一起來思考一下，看看當我們將正立方體的一個頂點切下來讓它多了一面之後發生了什麼事。看著這個少了一角的正立

方體，我們多了一個面，也多了三個邊，除此之外，在頂點被切掉的地方，它變成了三個頂點，也就是說我們多了兩個頂點。如果我們計算一下，就會發現切掉一個頂點的動作一點都不會影響到這個公式。它依舊還是：

$$(\text{頂點}+2)+(\text{面}+1)-(\text{邊}+3)=2$$

「還不只是這樣，如果我們將正立方體展開變成平面圖：

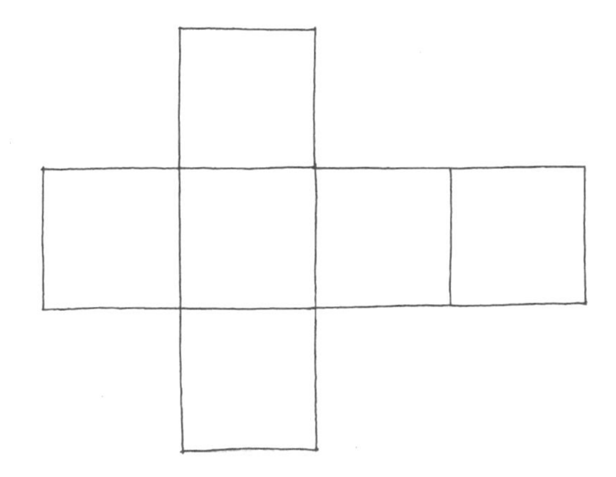

「算算看！一共有14個頂點，邊變成19個，而面則多了在立方體外面的那個沒被限制住的一整塊平面，所以公式也還是成立：

$$14+7-19=2$$

「如何？」

「我想當歐拉發現這個公式之後，應該不是殺了一百頭牛來感謝神，而是跟他的小孩與孫子一起大肆慶祝一番，對吧！爺爺。」

「等一下，還有另一個驚喜。給我一些紙黏土。」

「你要做什麼？要來玩嗎？」

「有耐心點，它看起來像是個遊戲，不過卻是個很嚴肅的東西。你知道一個用紙黏土做成的正方形可以變成什麼嗎？看這邊：

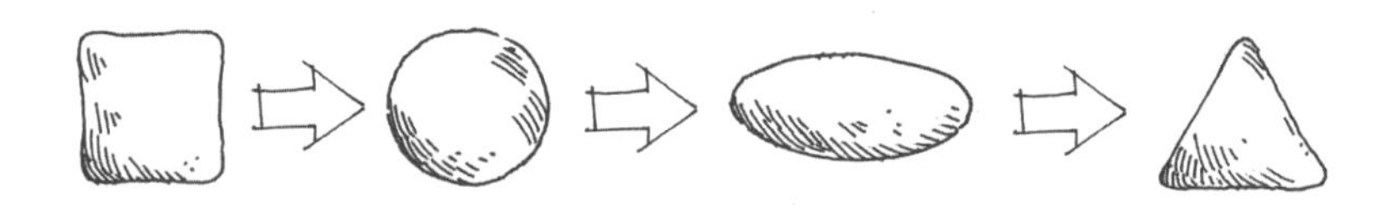

「我把它變成一個圓形，不過也可以變成橢圓形或是三角形。好啦，你要知道那些拓撲學家用的紙就跟紙黏土或是橡膠一樣，是可以延展、縮小和扭曲的，重要的是不可以把它撕破或是對摺。所以對拓撲學家來說，只要沒有交錯，不管是正方形、圓圈或是任何其他的閉鎖線條它們都是一樣的。另一件事就是我跟你說過的，拓撲學裡主要研究的是位置，是誰比較接近誰，而不是圖案形狀或是涵蓋的範圍。因此，另一個驚喜來了，歐拉公式不僅僅可以套用在多邊形上，而是適用於任何一種圖形！不過這時公式要改一下，將頂點改爲點、邊改爲弧，但本質還是一樣的。你看這一小片樹葉：

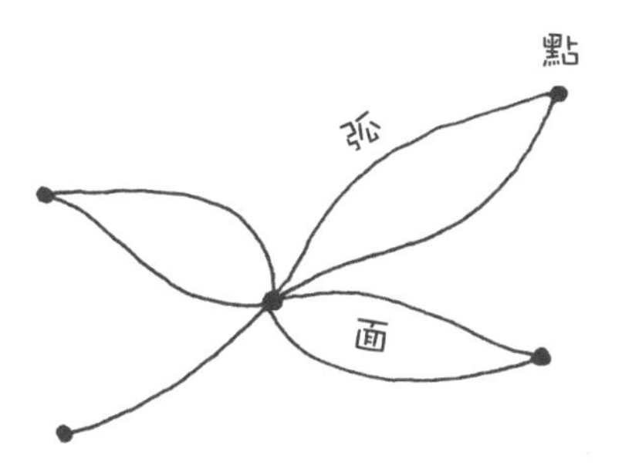

「套入歐拉公式也還是成立：

點＋面－弧＝2

「因為它有5個點，加上外圈沒被圍起來的面就總共有4個面，和7個弧。」

「好神奇喔！意思是說我可以畫各式各樣的圖案囉？」

「當然，我們可以來打賭。你在紙上隨便點上幾個點，然後隨你高興的用弧將點連起來，最後再套入歐拉公式算算看，你會發現公式永遠都成立！」

「我認為拓撲學是為了謎語和魔術把戲而發明出來的，而且還會用到紙黏土。你確定它是數學嗎？」

「我確定，而且我非常肯定它是幾何學裡的一個分支。你還記得上次我們將一個正方形以轉動及光線的照射使它轉變成很多其他的圖形嗎？每一次轉變的圖形都漸漸地失去跟最原先的正方形相似的地方，所以最開始我們用雙胞胎來比喻，再來是兄弟、堂兄弟，到最後的朋友。現在用拓撲學我們可以找到正方形的另一個變形，就是之前用紙黏土做過的變形。

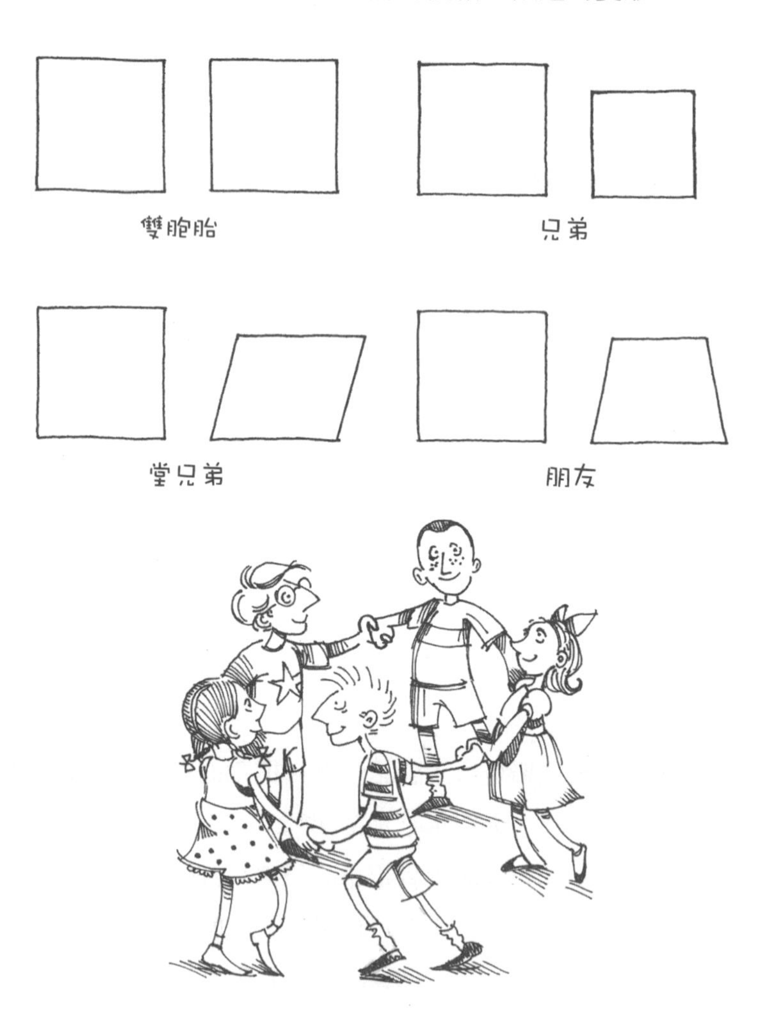

「這種情況下，連一點點正方形的部分都沒有留下來，正方形可以變成任何一個沒有交錯的封閉線條，唯一留下來的就只有一條連續性的線條，也就是形成這條線的每一個點依舊還是相連接的。有點像是小朋友們手拉手圍成一個大圓圈，在轉動或是跳躍的時候會改變圓圈的形狀，可是手仍然是牽在一起的。依這種方式轉變出來的形狀跟正方形相似的地方不多，這兩個圖形就有點像是同學，兩人之間有些一樣的地方但肯定比兩個朋友之間相同的地方還少。」

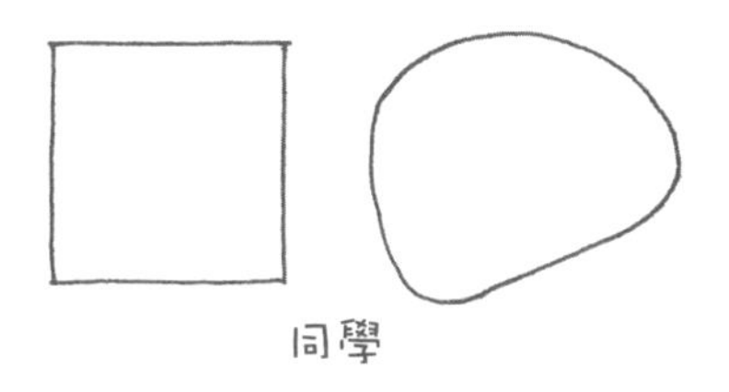

同學

「嗯……如果它是幾何學的一種的話，它會是我喜歡的那一種幾何學，這樣就算我是畫了一個歪七扭八的圓形或是一個東倒西歪的正方形都不算錯，因爲就拓撲學來說它們都是一樣的東西！」

「沒錯，你愛怎麼畫就怎麼畫，不需要用到直尺或是圓規。一顆骰子、一顆球、一座金字塔或是一個蛋殼都是一樣的東西，如果這些東西都是用紙黏土做成的話，不需要撕開或是對摺紙黏土就可以從一個形狀轉變成另一個形狀。拓撲學理的立體形狀裡唯一要注意到的東西就是孔洞，如果東西上有個洞，那在其他的拓撲變形上這個洞也要留著，因此一只戒指可以轉變成一個杯子、一個蓋子，或是一把鏟子，可是不能變成一顆球或是一個盤子。

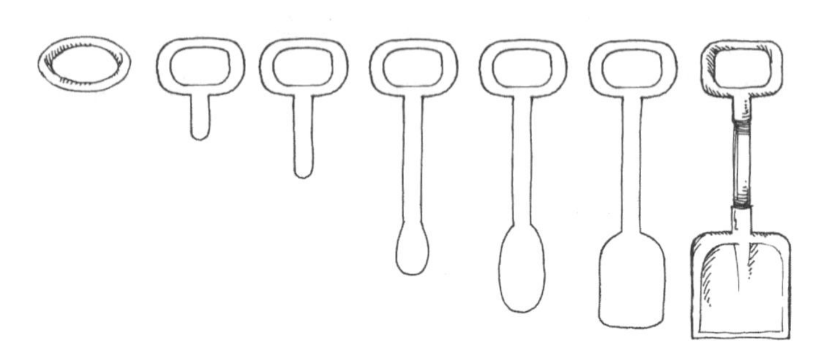

「如果有兩個洞的話也是一樣的，你想想，一個有兩個把手的鍋子和你的背心是一樣的！」

「我從來沒想過數學會這麼好玩。今天在學校的時候，我也有讓大家解解看三棟房子的那個謎題，所有的人都拿著紙跟筆在那邊反覆不停地嘗試，看怎樣才可以不相互交錯地連接瓦斯、電和水的管線。

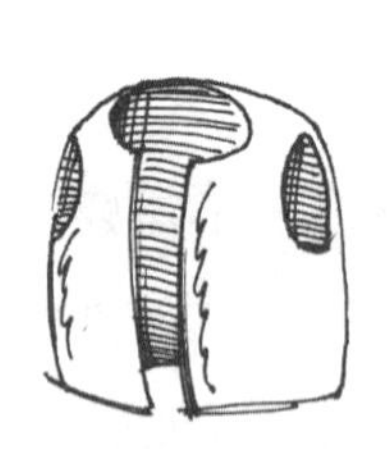

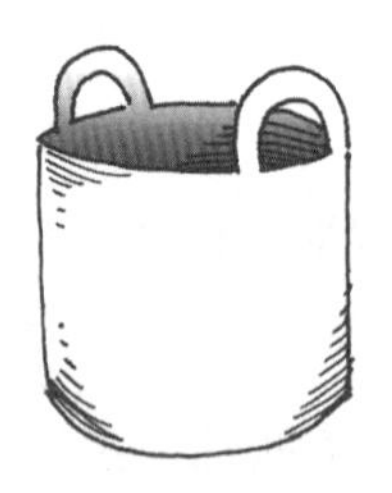

「後來我不忍看他們再畫下去了，所以我就跟他們說不要再苦惱了，因爲答案並不存在。」

「老實跟你說，親愛的菲洛，應該有一個解決的方法。」

「應該會有?!」

「對，不過這需要建造一個很特殊的平面。」

「趕快告訴我，爺爺！我們馬上來製作這個特殊的平面！」

「只要花一點點的時間就可以做好了！我們拿一張紙把它裁成條狀，然後我們將紙條的兩端像要做戒指一樣地接起來，這邊要注意囉，在接起來之前將一端轉半圈之後再把兩端黏貼起來，完成啦！」

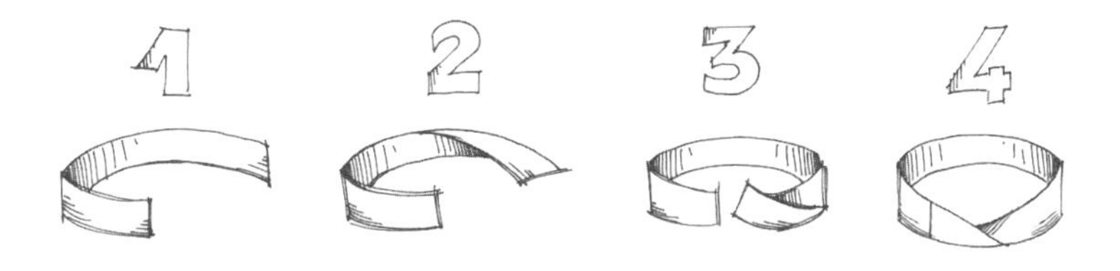

「唉！這有什麼特別的啊？我覺得很普通耶。」

「相信我，它很特別，你也會發現它很特別的。現在你拿一枝筆，然後在這上頭畫線直到你回到最開始的那一點。很好，就是這樣。你注意到發生什麼事了嗎？」

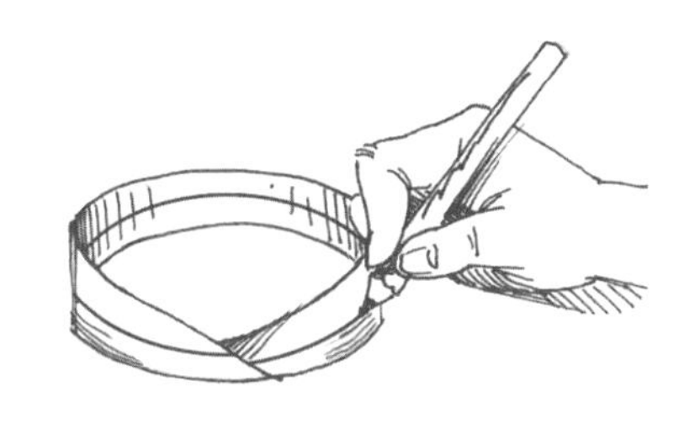

「好奇怪喔！紙條的兩面都有被畫到耶！還以為我會只畫一面而已。」

「這就是這個拓撲結構特別的地方，它沒有內外之分只有一個面！雖然它是由有上下兩面的紙條所做成的，我們卻得到一個只有一個面的物體。也就是說你不用換面也不用離開它的一氣呵成將它全部塗上顏色，而它也只有一個面，沒有前後之分，只要用枝筆來試著畫畫看就知道了。菲洛，這個神奇的東西就叫做莫比烏斯環帶，是十九世紀的德國數學家莫比烏斯發明的。」

「它真的很特別。」

「它也很有用，如果你需要一條給傳動裝置用的帶子，像是給滑輪用的，如果你使用莫比烏斯環帶來取代一般的環狀帶的話，你就可以確定它轉一圈的時間會是平常的兩倍，而且你的點陣式印表機所使用的墨帶就是一個莫比烏斯環帶！」

「好，爺爺，不過謎題的解答呢？」

「這謎題就可以被很完美的解決了，如果這些房子和管線都在莫比烏斯環帶上，那你就可以讓每一間屋子都接到那三種管線，而管線之間又都沒有交錯。你試試看啊！」

「好奇妙喔！爺爺。明天我就帶剪刀跟紙去學校，我想要看看馬克驚訝的臉。紙黏土我最好留在家裡，我可不想被葛拉茲老師沒收。今天她已經沒收了我一整袋的橡皮筋，更糟的是，她也沒收了我那支拿來燒紙的放大鏡。」

Chapter 17

一個信任的問題

「我從來沒想過我會這麼幸運！爺爺，你看，我可以一次實現兩個願望，坐飛機和見到嘉嘉，而且我也不用等到她回來才能拿到切爾西的球衣了！可是我很遺憾你要留在這邊，你確定不要跟我們一起去嗎？」

「這次不了，我會去你威廉堂哥那邊待一段時間，他從很久之前就叫我去了。如果露伊嘉之後還會待在倫敦的話，我再去找她。」

「你要去威廉那?!那我很會冒很大的風險耶，因為他一定會想要把你留下來。你要答應我，你會在我從倫敦回來的時候回來這邊喔！如果他想的話，可以跟你一起待在我們家，不然我就不要去倫敦了，我在家裡等嘉嘉回來。」

「我答應你，你回家的時候我會在這邊迎接你的，你就放心的去倫敦吧！」

「現在你跟我來，爺爺，我們去看一下地圖，我想要知道我會從幾個國家上面飛過。你覺得我有沒有辦法從飛機的窗戶辨認出來那是哪個國家、哪條河或是哪座山嗎？」

「當然啦！如果沒有太多雲的話，你會因爲看到很漂亮的風景而感到開心的。我還記得當初我看到冬天的阿爾卑斯山上一大片的白雪靄靄的景像時有多興奮！不過，菲洛，如果你想要知道飛行的途徑的話，你應該要看的是地球儀而不是地圖。

「這兩樣東西可是很不一樣的！那些適用在平面上的東西，到了球面上可就不適用了！球面上的幾何學可是跟歐幾里德的幾何學完全不一樣，你以後就會在學校學到了。」

「這就是我受不了學校的地方了，總是不讓人平靜一下，才剛學好一個東西而已，馬上就有另一個東西要學。又有什麼東西不適用於球面上？」

「你別激動！告訴我，如果你是在平面上，你要從這個點走到另一個點，怎樣走的距離會最短？」

「很簡單，走直線的距離最短！」

「那如果你是在球面上呢？怎麼辦？你可沒辦法走直線。」

「眞的耶，我必須走弧線才行。」

「可是連接兩點的弧線可是有很多很多個，哪一個會是最短的呢？」

「這個我不知道，爺爺你教我。」

「好，我教你。我們拿一個橘子當示範，然後我們在橘子皮上畫兩個點，你看我能用多少弧線連接這兩個點啊？

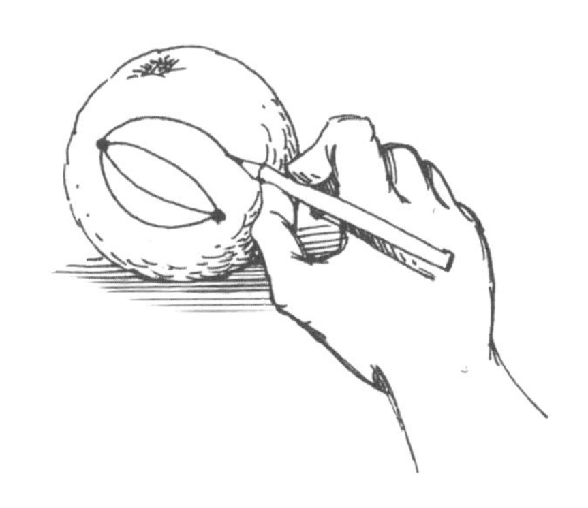

「這些弧線每一個都是不同的圓周上的一部分，不過只有一個是屬於大圓的，就像是地球上的子午線或是赤道都是大圓。現在我實體示範給你看，我用刀子劃過兩點切過橘子的中心點，這樣這顆橘子就被不偏不倚地分成兩半。切面的橘子皮部分就是一個大圓，而那兩點之間的弧線就肯定是最短的弧！這個圓弧就被稱爲測地線也稱做短程線。這樣懂了嗎？」

「完全明白了，現在換我示範一個大圓給你看。等等，我去拿我魔術玩具裡的水晶球，反正它從沒成功的讓我看見未來，起碼它可以爲了科學犧牲一下！現在我把一條橡皮筋箍在水晶球上，你看到了嗎？如果橡皮筋是在大圓的位置的話，它就會留在球面上，不然的話就它會溜走。」

「好棒的方法！這個示範眞不錯！我從沒想過還有這種方法！這就像如果你在送馬克的足球上繫上一條緞帶一樣，爲了不讓緞帶滑掉，就要繫在大圓上！

「總結來說，可愛的孫子，球面上連接兩點的所有弧線中有，最短距離的就是屬於大圓上的那一段弧線。這可是一個非常具革命性的概念！」

「毫無疑問的它是！」

「沒錯，這個概念讓數學家們開了眼界，讓他們看到了這世界上並不是只有歐式幾何這一種幾何學而已，還有另一種被稱做非歐氏幾何的幾何學。」

「從來沒聽過這東西，儘管歐幾里德已經夠凡事斤斤計較了！會是因爲他忽略了什麼東西嗎？」

「這不是吹不吹毛求疵的問題，而是因爲大環境的改變，所以遊戲規則也必須跟著改變。現在你跟著我一起思考，在平面上通過兩點間的最短距離是直線，而在球面上通過兩點間的最短距離是大圓上的弧線，所以直線與大圓其實是屬於相同的概念，不過，當你有一條直線，你可以畫出與它平行的線段，但如果是大圓的話，你永遠找不到另一個與它平行的大圓，也就是說球面上的大圓不存在平行的條件。」

「不存在?!那地圖上的緯線（註：緯線的義大利文爲parallelo terrestre，而parallelo是平行的意思。）又是怎麼一回事？」

「除了赤道之外，其他的緯線都不是大圓啊！爲了讓你相信球面上不會有兩個平行的大圓，你試試將兩條橡皮筋箍在你的水晶球上，那兩條橡皮筋肯定會有兩個交點。」

「總而言之，爺爺，你是要說在球面上不會有火車的軌道囉？可是我們的地球也是圓的，而我們也很常坐火車到處玩啊！」

「我們的地球很大，所以一小部分的地表可是看成是一個平面。」

「不過，雖然球面上不存在平行直線，我覺得那也不能怪歐幾里德啊！」

「沒有人怪歐幾里德，這只是一個信任的問題。」

「信任!?」

「正是如此，我試試看能不能講得再清楚一點。之前你不是有跟馬克說過：『相信我，爬坡的時候腳踏車的變速要用比較小的段速。』還記得嗎？但如果馬克要下坡的話，他就不能再用相同的段速，因爲是兩種不同的情況條件。」

「當然，這時要他換另一個段速才行。」

「歐幾里德在創作《幾何原本》的時候有說：『我會將所有的定理都證明給你們看，不過我要先特別要求你們信任五件事情。』他要求我們相信的這五件事情被稱做公設，而『公設』就是要求的意思。事實上，《幾何原本》裡有另外23個概念被扣除或是沒被證明，那都是一些很顯而易懂的概念，譬如像是點只有位置，沒有大小，它也不能再被分割。像這樣的概念就被稱做公理，而公理在希臘文裡的意思就是值得被相信的、顯而易懂的意思。

「好啦，現在我們回到公設這裡來，最後的第五公設是如果你有一條直線和線外的一個點，那你只能畫出一條平行那條已知的直線且又通過那一個點的線。你覺得可以相信這個公設嗎？」

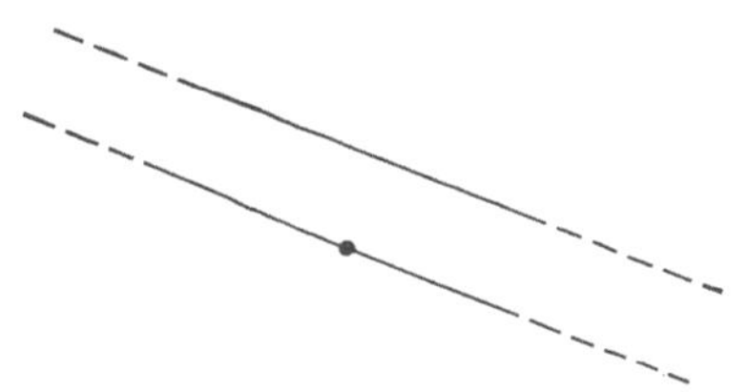

「當然，我無條件地相信它，這是很明確的一件事啊！」

「在平面上是，但就像我們之前看到的，在球面上就不是這麼一回事了。這就是爲什麼球面幾何學會被叫做非歐式幾何學的原因，因爲歐幾里德的第五公設並不適用於球面上。親愛的，如果這個公設不成立的話，那所有其他由這個公設爲基礎而建立起來的理論也就都不成立了。你還記得那個三角形內角總和的定理嗎？」

「三角形的內角總和是180°的平角！」

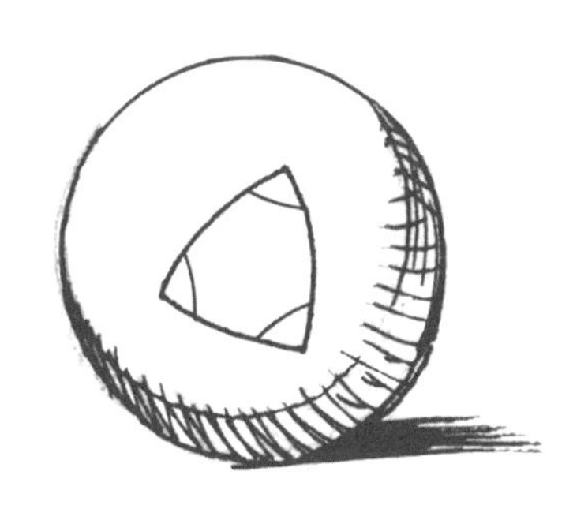

「但是當這個三角形是畫在球面上時，它的內角總和就比平角還要大了！」

「眞的耶，在球面上的三角形都脹開了，它的內角肯定也變大了。爺爺，那正方形呢？在球面上的正方形會怎樣呢？我很擔心，因爲正方形一定要有平行的邊啊！」

「今天就到此爲止了，你的憂慮我們下一次再談，下次我還會讓你看看有一種可以通過一個點卻有無線多條平行線的幾何學喔！現在我們來看一下地球儀，看一看你明天的飛行路徑，然後就馬上上床睡覺！現在已經很晚了，明天對你來說一定會是很興奮的一天！你可以在飛機上想想正方形的事，你也會看到地球表面彎曲的樣子，搞不好你就想到在球面上的正方形會是什麼樣子。」

「你說的對，如果媽媽發現我們這麼晚了還在聊天，肯定又要訓我們一頓了，我一定要當個乖小孩，不然去倫敦的時候媽媽不給我零用錢就麻煩了，因爲我已經想好要買什麼禮物給

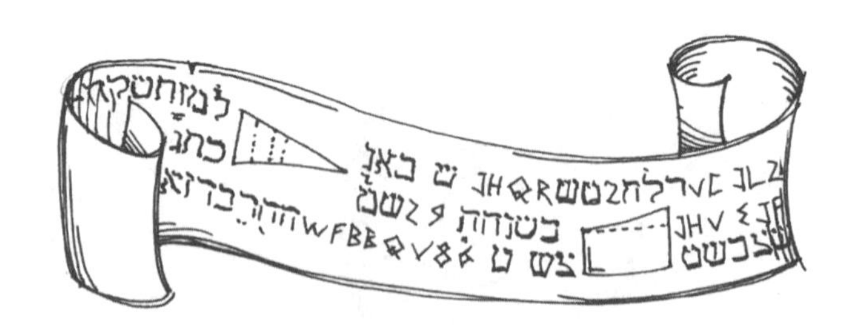

你了，爺爺，不過我想要把它當成一個驚喜，那是一個長大概五公尺，用古埃及文寫的，當然那是個複製品……夠了，我不要再提示了，不然像你這麼狡猾，肯定會猜出來那是什麼東西。」

「晚安，菲洛，你快睡吧。」

「晚安，爺爺。」

國家圖書館出版品預行編目資料

愛上幾何：義大利爺爺的生活實用數學課 / 安娜．伽拉佐利 著；洪詩雅譯. -- 初版. -- 臺北市：如何，2009.2
192面；14.8×20.8公分. --（Happy Learning；074）
譯自：Mr.Quadrato

ISBN：978-986-136-196-3（平裝）
1. 幾何 2.通俗作品

316 97023821

http://www.booklife.com.tw inquiries@mail.eurasian.com.tw

HAPPY LEARNING 074

愛上幾何——義大利爺爺的生活實用數學課

作　　者／安娜．伽拉佐利
譯　　者／洪詩雅
發 行 人／簡志忠
出 版 者／如何出版社有限公司
地　　址／台北市南京東路四段50號6樓之1
電　　話／（02）2579-6600．2579-8800．2570-3939
傳　　真／（02）2579-0338．2577-3220．2570-3636
郵撥帳號／19423086　如何出版社有限公司
總 編 輯／陳秋月
主　　編／林振宏
責任編輯／林振宏
美術編輯／蔡惠如
行銷企畫／吳幸芳．陳羽珊
印務統籌／林永潔
監　　印／高榮祥
校　　對／李靜雯．林振宏
排　　版／莊寶鈴
經 銷 商／叩應有限公司
法律顧問／圓神出版事業機構法律顧問　蕭雄淋律師
印　　刷／祥峰印刷廠
2009年2月　初版

MR.QUADRATO. A SPASSO NEL MERAVIGLIOSO MONDO DELLA GEOMETRIA
by ANNA CERASOLI

定價 240 元　ISBN 978-986-136-196-3 Printed in Taiwan